成功大智慧

羊皮卷

马良 唐容 编著

民主与建设出版社
·北京·

图书在版编目（CIP）数据

羊皮卷 / 马良，唐容编著 . -- 北京 : 民主与建设

出版社，2019.11

（成功大智慧）

ISBN 978-7-5139-2851-9

Ⅰ . ①羊… Ⅱ . ①马… ②唐… Ⅲ . ①成功心理—通

俗读物 Ⅳ . ① B848.4-49

中国版本图书馆 CIP 数据核字 (2019) 第 272446 号

羊皮卷

YANG PI JUAN

出 版 人	李声笑
编　　著	马 良　唐 容
责任编辑	刘树民
封面设计	大华文苑
出版发行	民主与建设出版社有限责任公司
电　　话	（010）59417747 59419778
社　　址	北京市海淀区西三环中路 10 号望海楼 E 座 7 层
邮　　编	100142
印　　刷	三河市刚利印刷有限公司
版　　次	2020 年 4 月第 1 版
印　　次	2023 年 9 月第 2 次印刷
开　　本	880 毫米 × 1230 毫米　1/32
印　　张	25
字　　数	605 千字
书　　号	ISBN 978-7-5139-2851-9
定　　价	128.00 元（全 5 册）

注：如有印、装质量问题，请与出版社联系。

现代社会，每个人都渴望成功，都希望成为一个出类拔萃的人，可是真正能够达到这个目的的人却寥寥无几。成功，对很多人来说，是可望而不可即的事。

然而，在我们的身边，却又有很多人成功了。这些人或许并没有我们优秀，平时也没有多么显眼，但是，几乎是在一夜间，这些人就变得与我们不同：无数的光环戴在了他们头上，无尽的财富落入了他们的腰包。

这些人是如何成功的呢？难道说，他们是天才，或是超人？不是的，他们也大都是普通人。例如，著名发明家爱迪生，小时候曾被老师赶出校门，认为他不是读书的料，可是他硬是凭着勤奋地努力和艰苦地实践，拥有了两千多项发明和一千多项专利。

那么，如何才能成功呢？无数人的实践告诉我们，成功需要智慧。这种智慧并不是天生的，也不是父母遗传的，而是后天通过学习得来的。

人生就像是一条走也走不完的路，成功总会在终点等着你。这条路坎坎坷坷，有连绵起伏的群山，有无数的艰难险阻，需要你有顽强的意志和坚强的毅力，才能越走越近。

每个人都需要经历许多次人生的考验，进行各种不同的尝试，不断地去奋斗，才能到达目的地。如果你能在悲伤的时光里看到希望，在困苦的绝境里看到光明，那么希望终将来临。

许多成功人士都经历过失败，但是他们都坚持了下来。他们总是能从失败中汲取教训，从挫折中总结经验，最终脱颖而出。

天降的挫折并不是上帝的拒绝，而是生活对我们的磨砺，只有经过千锤百炼的磨砺，我们的心才会在遭遇困难的时候，变得越来越坚强；我们脚下的路，才会在经过众多曲折后，走得越来通畅。这些简单的道理其实就是成功的智慧。

人生需要这样的智慧，成功也不能或缺这样的智慧。为了帮助青少年走上成功之路，我们精心编撰了这套"成功大智慧"丛书，包括《强者生存法则》《墨菲定律》《羊皮卷》《鬼谷子》《格局》五本，分别以生存法则、处事规则、勤奋学习、谋略智慧、人生格局等方面为切入点，以通俗的语言，朴实的道理，详细论述了走向成功的诸多秘诀。

相信通过本书的阅读，无论是个人或团队，都可以从中找到自己所需要的经验方法和成功之道。让我们立即付诸行动，早日加入成功之列吧！

目录

第一章
把握今天树立理想

今天，我开始新的生活。

今天，我爬出满是失败创伤的老茧。

今天，我重新来到这个世上，我出生在葡萄园中，园内的葡萄任人享用。

今天，我要从最高、最密的藤上摘下智慧的果实，这葡萄藤是好几代的智者种下的。

今天，我要品尝葡萄的美味，还要吞下每一颗成功的种子，让新生命在我心里萌芽。

我选择的道路充满机遇，也有辛酸与绝望。失败的同伴数不胜数，叠在一起，比金字塔还高。

然而，我不会像他们一样失败，因为我手中持有航海图，可以领我穿越汹涌的大海，抵达梦中的彼岸。

展开第一张羊皮卷

今天，我开始新的生活。

今天，我爬出满是失败创伤的老茧。

今天，我重新来到这个世上，我出生在葡萄园中，园内的葡萄任人享用。

今天，我要从最高、最密的藤上摘下智慧的果实，这葡萄藤是好几代的智者种下的。

今天，我要品尝葡萄的美味，还要吞下每一颗成功的种子，让新生命在我心里萌芽。

我选择的道路充满机遇，也有辛酸与绝望。失败的同伴数不胜数，叠在一起，比金字塔还高。

然而，我不会像他们一样失败，因为我手中持有航海图，可以领我穿越汹涌的大海，抵达梦中的彼岸。

失败不再是我奋斗的代价。它和痛苦都将从我的生命中消失。失败和我，就像水火一样，互不相容。我不再像过去一样接受它们，我要在智慧的指引下，走出失败的阴影，步入富足、健康、快乐的乐园，这些都超出了我以往的梦想。

我要是能长生不老，就可以学到一切，但我不能永生，所以，在有限的人生里，我必须学会忍耐的艺术，因为大自然的行为一向是从容不迫的。

造物主创造树中之王橄榄树需要一百年的时间，而洋葱经过短短的九个星期就会枯老。我不留恋从前那种洋葱式的生活，我要成为万树之王橄榄树，成为现实生活中最伟大的推销员。

怎么可能？我既没有渊博的知识，又没有丰富的经验，况且，我曾一度跌入愚昧与自怜的深渊。答案很简单，我不会让所谓的知识或者经验妨碍我的行程。

造物主已经赐予我足够的知识和本能，这份天赋是其他生物望尘莫及的。经验的价值往往被高估了，人老的时候，开口讲的大多是糊涂话。

说实在的，经验确实能教给我们很多东西，只是这需要花费太长的时间。等到人们获得智慧的时候，其价值已随着时间的消逝而减少了。结果往往是这样，经验丰富了，人也余生无多。经验和时尚有关，适合某一时代的行为，并不意味着在今天仍然行得通。

只有原则是持久的，而我现在正拥有了这些原则。这些可以指引我走向成功的原则全写在这几张羊皮卷里。它教我如何避免失败，而不只是获得成功，因为成功更是一种精神状态。

人们对于成功的定义，见仁见智，而对失败却往往只有一种解释，即失败就是一个人没能达到他的人生目标，不论这些目标是什么。

事实上，成功与失败的最大分别，来自每个人不同的习惯。好习惯是开启成功的钥匙，坏习惯则是一扇向失败敞开的门。因此，我首先要做的便是养成良好的习惯，全心全意去实践。

小时候，我常会感情用事；长大成人了，我要用良好的习惯代替一时的冲动。我的自由意志屈服于多年养成的恶习，它们威胁着我的前途。我的行为受到品位、情感、偏见、欲望、爱、恐惧、环境和习惯的影响，其中最厉害的就是习惯。因此，如果我必须受习惯支配的话，那就让我受好习惯的支配。那些坏习惯必须戒除，我要在新的田地里播下好的种子。

我要养成良好的习惯，全心全意去实践。

这不是轻而易举的事情，要怎样才能做到呢？靠这些羊皮卷就能做到。因为每一卷里都写着一个原则，可以摒除一项坏习惯，换取一个好习惯，使人进步，走向成功。这也是自然法则之一。只有一种习惯才能抑制另一种习惯，所以，为了走好我选择的道路，我必须养成一个好习惯。

每张羊皮卷用30天的时间阅读，然后再进入下一卷。

清晨即起，默默诵读；午饭之后，再次默读；夜晚睡前，高声朗读。第二天的情形完全一样。这样重复30天后，就可以打开下一卷了。每一卷都依照同样的方法读上30天，久而久之，它们就成为一种习惯了。

这些习惯有什么好处呢？这里隐含着人类成功的秘诀。当我每天重复这些话的时候，它们成了我精神活动的一部分，更重要的是它们渗入我的心灵。那是个神秘的世界，永不静止，创造梦境，在不知不觉中影响我的行为。

当这些羊皮卷上的文字被我奇妙的心灵完全吸收之后，我每天都会充满活力地醒来。我从来没有这样精力充沛过。我更有活力，更有热情，要向世界挑战的欲望克服了一切恐惧与不安。在这个充满争斗和悲伤的世界里，我竟然比以前更快活。

最后，我会发现自己有了应付一切情况的办法。不久，这些办法就能运用自如。因为，任何方法，只要多练习，就会变得简单易行。

经过多次重复，一种看似复杂的行为就变得轻而易举，实行起来就会有无限的乐趣。有了乐趣，出于人之天性，我就更乐意常去实践。于是，一种好的习惯便诞生了。习惯成为自然。既是一种好的习惯，也是我的意愿。

今天，我开始新的生活。

我郑重地发誓，决不让任何事情妨碍我新生命的成长。在阅读这些羊皮卷的时候，我决不浪费一天的时间。因为时光一去不返，失去的日子是无法弥补的。我也决不打破每天阅读的习惯。事实上，每天在这些新习惯上花费少许时间，相对于可能获得的快乐与成功而言只是微不足道的代价。

当我阅读羊皮卷中的字句时，决不能因为文字的精练而忽视内容的深沉。一瓶葡萄美酒需要千百颗果子酿制而成，果皮和渣子抛给了小鸟。葡萄的智慧代代相传，有些被过滤，有些被淘汰，随风飘逝。只有纯正的真理才是永恒的，它们就浓缩在我要阅读的文字中。我要依照指示，决不浪费，种下成功的种子。

今天，我的老茧化为尘埃。我在人群中昂首阔步，不会有人认出我来，因为我不再是过去的自己，我已拥有新的生命。真诚的追求战无不胜，哪里有付出，哪里就有收获，这就是生活的真理。

今天的事情今天做

善于把握今天

科贝特曾经说："随时做好准备的积极实干态度，就是我成功的关键所在。如果不是这一点，即使把我所有的天赋加起来，也不会有太大的作为。正因为这种个性，我才会在军队里得到提升。如果10点钟上岗，那么我在9点钟就做好了准备。从来没有一个人或一件事因为我而耽误一分钟。"

一位法国政治家被问及他怎么能够在职业上取得巨大成就，同时还身兼多职的问题时，他说："我只是遵从今天的事情今天做，如此而已。"

据说有一位从事社会工作的人遭到了失败，他正好把这个过程颠倒过来，他的格言是："能够推到明天的事情决不今天做。"有多少人把本来可能加以利用从而有所作为的时间用在与亲戚和朋友待在一起，不知不觉地消磨掉了，无所事事地浪费了。

明天是懒汉的托词辞

爱尔兰女作家玛丽·埃奇沃斯曾经说："没有任何一个时刻像现在这样重要，不仅如此，没有现在这一刻，任何时间都不会存在。如果一个人没有趁着热情高昂的时候采取果断的行动，以后他就再也没有实现这些愿望的可能了。所有的希望都会被消磨，都会被湮没在日常生活的琐碎忙碌中，或者在懒散消沉中消逝。没有任何一种力量或能量不是在现在这一刻发挥着作用。"

　　有人问瓦尔特·雷利："你怎么在如此短的时间内取得如此大的成就呢?"瓦尔特·雷利回答："我需要做什么事情就立刻去做。"习惯于采取果断行动的人,即使偶尔犯错误,也比一个头脑聪明却总是懒散拖延的人收获成功的可能性大。

　　有许多一事无成的人都这样说："我的一生都在追求明天,并且一直以为明天会给我带来无穷无尽的好处和利益。"

　　"明天?你是说明天吗?"科顿这样说,"明天!在亘古不变的时间长河中,明天是个永远都找不到的狡猾之人,只有傻瓜才会对其念念不忘情有独钟;明天是个一毛不拔的吝啬鬼,它用虚假的许诺、期待和希望剥削你丰厚的财富,它给你开的支票是永远无法兑现的空头支票;明天是个想入非非的孩子,而他的父亲就是愚蠢,结果只能永远做着白日梦;明天就像夜晚的幻影一样虚无缥缈,智者从来不相信所谓的明天,也从来不屑于与那些津津乐道于明天的人为伍。"

　　《挪亚的皮革商》是英国小说家查尔斯·里德的作品,其中有这样一段:那个老是欠债不还的小职员还是积习难改,他在下定决心后,忽然感到一阵困意袭来,于是便昏昏睡去。

　　过了很久,他从沉沉的梦中苏醒过来,朝着那些收据最后看了一眼,嘴里还喃喃地说:"哦,我的头怎么这么沉?"但是他马上坐了起来,又自言自语道:"明天——我——要把它带到——彭布鲁克去。明天……"当第二天到来时,警察发现他已经去了天堂了。

　　只有魔鬼的座右铭才是明天。很多本来才智超群的人留在身后的仅仅是没有实现的计划和半途而废的方案,这样的例子在整个历史长河中数不胜数。对懒散而又无能的人来说,明天是最好的托辞。

　　"快!快!快!为了生命加快步伐!"这句话常常出现在英国亨利

八世统治时代的留言条上，旁边往往还附有一幅图画，画的是没有准时把信送到的信差在绞刑架上挣扎的情景，以警示人们要守时。由于当时还没有邮政事业，信件都是由政府派出的信差发送的，如果信差在路上延误了时日，就要被处以绞刑。

我们现在一个小时可以完成的任务是100年前的人20个小时的工作量。在生活节奏缓慢的古老的马车时代，用一个月的时间历经路途遥远而危险的跋涉才能走完的路程，我们现在只要几个小时就可以穿越。但是，即使是在那样的年代，不必要的耽误时间也是犯罪。因此，文明社会的一大进步就是对时间的准确测量和利用。

守时与精确是成功的双亲。每个人的成功故事都取决于某个关键时刻，这个时刻一旦犹豫不决或退缩不前，你将永远失去成功的机会。

"任何时候都可以做的事情往往永远都不会有时间去做。"这句家喻户晓的俗语几乎可以成为很多人的格言警句。伦敦的非洲协会想派旅行家利亚德去非洲，当人们问他什么时候出发时，他毫不迟疑地说："明天早上。"

当有人问后来成为著名的温莎公爵的约翰·杰维斯，他的船什么时候可以加入战斗时，他立即回答："现在。"科林·坎贝尔被任命为驻印度军队的总指挥，在被问及什么时候可以派部队出发时，他总是说："明天。"

要趁热打铁

1861年3月3日，马萨诸塞州的州长安德鲁在给林肯的信中写道："我们接到你们的宣言后，就立即开战，尽我们的所能，全力以赴。我们相信这样做是遵从美国和美国人民的意愿，所有的繁文缛节都被我们完全摒弃了。"

1861年4月15日上午，安德鲁收到了华盛顿军队发来的电报，而第二个星期天上午9点，他就做了这样的记录："所有要求从马萨诸塞州出动的兵力已经驻扎在华盛顿与门罗要塞附近，或者正在去保卫首都的路上。"

安德鲁州长说："我的第一个问题是采取什么行动，如果这个问题得到了回答，那么我就该考虑下一步干什么了。"

拿破仑知道，每场战役都有"关键时刻"，把握住这一时刻就意味着战争的胜利，稍有犹豫就会导致灾难性的结局。因此，拿破仑非常重视"黄金时间"。

拿破仑说，奥地利军队的失败是因为奥地利人不懂得5分钟的价值。据说，在滑铁卢企图击败拿破仑的战役中，他自己和格鲁希在那个性命攸关的上午就因为晚了5分钟而惨遭失败。布吕歇尔按时到达，而格鲁希晚了一点儿。就因为晚了一点儿，拿破仑被送到了圣赫勒拿岛，从而改变了无数人的命运。

英国社会改革家乔治·罗斯金说："从根本上说，一个人个性成形、沉思默想和希望受到指导的阶段是人生的整个青年阶段。青年阶段无时无刻不受到命运的摆布。某个时刻一旦过去，将永远无法完成指定的工作；或者说如果没有趁热打铁，某种任务也许永远无法完工。"

去除懒惰的习惯

"趁热打铁""趁阳光灿烂的时候晒干草"是两句家喻户晓的俗语，这其中充满了人类的智慧。

世间之人都有懒散倦怠的习惯，却很少有人注意到自己的这个习惯。有的人是在午饭后，有的人是在晚饭后，有的人是在晚上7点钟以后就什么都不想干了。每个人一天的生活往往都有一个关键时刻。对于大多数人而言，早晨几小时往往是这一天是否会过得充实的关键时刻，如果你的一天不想白过的话，那么就一定不要浪费这个时刻。

麦亚尼是一位技巧高超、勇气过人的将军，曾经有人在亨利面前称赞他。"是的，你说得很对，"亨利说，"他的确是一位了不起的将军，但是他总比我晚5个小时。"麦尼亚上午10点钟起床，而亨利在凌晨5点钟就起床了。这就是他们两人之间的差别所在。

拖延懒散是犹豫不决这种疾病的前期症状。对于那些深受犹豫不决之苦的人来说，唯一的解决办法就是当机立断。犹豫不决的人就是失败的人，因为犹豫不决这一疾病就是摧毁胜利和成就的致命武器。

有一位著名作家曾经感言道："床是个让人又爱又恨的东西。"在我们晚上上床睡觉之前，只要想到没有完成的工作，就觉得时间还早，不该睡觉。但是，我们早上同样不愿意早起床。我们每天都下决心第二天早上一定要早起，但是，每天早上我们仍旧赖在床上不愿起来。

可是，许多杰出人物都习惯早起。阿尔弗烈德大帝在拂晓前起床；哥伦布在清晨的几小时计划寻找新大陆的航线；拿破仑在清晨考虑最重要的战略部署；彼得大帝总是天一亮就起床，他说："我要使自己的生命尽可能地延长，所以就要尽可能地缩短睡觉的时间。"诗人布赖思特凌晨5点钟起床；历史学家班克罗夫特天亮起床。我们熟知的很多重要作家都习惯早起。古代和现代的许多天文学家也都习惯早起。另外，有早起习惯的还有克莱、卡尔霍恩、华盛顿、韦伯斯特、杰斐逊等政界要人。

　　瓦尔特·司各特取得众多成就的秘诀就是守时。他曾经说过，他凌晨5点起床，到早餐时，他已完成了一天当中最重要的工作。一位渴望获得辉煌成就的年轻人写信向他求教，他在回信中写道："一定要警惕那种使你不能按时完成工作的习惯，也就是拖延懒惰的习惯。要做工作就立即去做，完成工作后再去消遣，千万不要在完成工作之前先去娱乐。"

　　丹尼尔·韦伯斯特经常在早餐前写20封到30封回信。

　　早起的习惯是所有生活习惯中最有价值的好习惯。对于一般人来说，一天睡眠7个小时已不少了，8个小时就足够了。如果这个人身体健康，那么他在床上躺八个小时后，就应立即起床，穿戴整齐，投入一天的工作。

　　美国联邦主义的倡导者汉密尔顿曾经说："上帝在造人时就给人规定了一定的工作量，同时还赋予了人支配时间的能力。这样，如果他们准时开始工作，并且一直勤恳努力，持之以恒，那么最终时间刚好与工作量一致。

　　"但是，我的一些朋友却遭遇了一种特别的不幸，他们的一部分时间无缘无故地丢失了。他们不知道是怎么丢失的，但是十分清楚地知道时间的确少了。

　　"正如本来有两条线段，但其中一条比另一条短了一英寸。工作和时间是相匹配的，但是时间总是比工作少了十分钟。

　　"他们到达港口时，正好看到轮船起航；他们赶到火车站时，火车刚刚开走；他们去邮局寄信时，邮局的大门刚刚关闭。他们没有渎职，也没有违反承诺，但是做任何事情都刚好晚那么几分钟，也正是因为错过这短短几分钟，他们竟一事无成。"

养成守时的习惯

约会如婚姻般神圣不可亵渎。一个不守约的人，除非有充分的理由，否则他就是一个十足的骗子。他周围的整个世界会像对待骗子那样对待他。

有一次，拿破仑请元帅与他共进晚餐，但是他们却没有在约定的时间到达，于是拿破仑便旁若无人地先吃起来。他吃完后刚刚站起来时，那些元帅才赶到这里。拿破仑说："先生们，现在已经过了晚餐时间，我们该去做下一步工作了。"

贺拉斯·格里利曾经说："一个人如果根本不在乎别人的时间，那么，这跟偷别人的钱有什么两样呢？浪费别人的1小时跟偷走别人的5美元有什么不同呢？况且，有许多人工作1小时的薪水要比5美元多得多。"

约翰·昆西·亚当斯也是守时的典范。在议院开会时，看到亚当斯先生入座了，主持人就知道该向大家宣布各就各位，会议开始。有一次，主持人在宣布就位时，有人说："时间还没到，因为亚当斯先生还没有来呢。"结果发现是议会的钟快了3分钟。3分钟后，亚当斯先生准时到达了。

华盛顿总统每天下午4点钟吃饭，有时候应邀到白宫吃饭的国会新成员会迟到。于是，华盛顿就自顾自地吃饭而不理睬他们，这令他们感到很尴尬。

华盛顿常说："我的表只问时间到没到，从来不问客人有没有到。"一次，华盛顿的秘书迟到了，并借口说自己的表慢了。而华盛顿却说："或者你换块新表，或者我换个新秘书。"

韦伯斯特在上学时就从不迟到，在国会、法庭和社会公共事务中也同样守时。在日理万机的繁忙工作中，贺拉斯·格里利每次都会准时赴约。《论坛报》上许多睿智犀利的文章，都是他在其他编辑悠闲地等着与别人一起消遣或在会议迟迟没有开始时完成的。

对于总是为迟到找托辞的佣人，富兰克林说："我发现，擅长找托辞的人通常在其他方面都不擅长。"工作的灵魂和精髓是恪守时间，同时它也是明智和信用的代表。在从事商业生涯的最初7年里，著名商人阿蒙斯·劳伦斯从不允许任何一张单据到星期天还没有处理。商业界的人士都懂得，商业活动中某些重大时刻会决定以后几年的业务发展状况。

如果你晚了几个小时到达银行，那么票据就可能被拒收，而你借贷的信用就会荡然无存。据说，守时还代表了彬彬有礼、温文尔雅的皇家风范。有些人给你的印象总是急匆匆的，好像他们总是在赶一列马上就要启动的火车，而且他们在完成工作时也手忙脚乱，这是因为他们没有掌握适当的做事方法，所以很难会有卓越的成就。

在学校里，总是有铃声催你起床，告诉你什么时间该去晨读或者上课，教你养成遵守时间、从不拖延的习惯。这是学校生活的最大优点。每个年轻人都应该有一块时间准确的表，提醒自己改掉事事习惯差不多的缺点。这一缺点从长远来看，更是得不偿失。

布朗先生说："我发现，我可以信赖那个任何事情都按时完成的小伙子，并且我很快就会让他来处理越来越重要的事情。"积累成功资本的第一步往往是拥有办事一贯准时、从不拖延的好名声。有了这第一步，成功自然会招手即来。做事守时是赢得人们信任的前提，会给人带来美好的名声。它表明我们的生活和工作是按部就班、有条不紊的，使别人可以相信我们能出色地完成手中的事情。遵守时间的人是可靠的和值得信赖的，原因就在于，他们从不食言或违约。

　　一个人停下来听了5分钟的闲话，他坐车或乘船旅行的计划就会因为晚了一分钟而破灭。一家在本行业遥遥领先、资金雄厚的公司破产了，原因就在于代理机构在得到命令后没有把必要的资金及时转移过来。火车司机的表慢一点儿就会引发严重的撞车事件。一个无辜的人被处死，仅仅因为带来赦免命令的信差晚到了5分钟。

　　像拿破仑一样能够当机立断地抓住关键事务，丢开琐碎顾虑的人注定会成功。当听到萨姆特尔被攻陷的消息时，格兰特将军立即决定收编敌人的军队。巴克纳派人把休战旗送到多耐尔逊，并要求商议投降条件和时间，这时，格兰特将军脱口而出："除了立即无条件投降，我们不接受任何其他条件。我提议马上开始着手你们的工作。"客观条件使巴克纳不得不接受格兰特提出的苛刻而毫无通融的条件。

　　把握不好关键的5分钟，会使许多人在浑浑噩噩中最终一事无成。失败者的墓碑上，字里行间都流露着这样的遗憾：太晚了。胜利与溃逃、成功与失败的转手易人往往只是几分钟的事，而结局却大不相同。

勇敢地追求理想

　　米开朗琪罗的父母认为他们的儿子不应该去从事"艺术家"那个丢人的职业，他们甚至还因为米开朗琪罗在墙上和家具上作画而严厉地惩罚他。但是，神圣的事物能点燃他胸膛中燃烧着的熊熊火焰，而这不熄的火焰也促使他在圣彼得堡的建筑上、摩西的大理石雕像上和修道院的壁画上努力、再努力。阿克赖特的父母强迫他去做理发师的门徒，但是天然的倾向却在他的头脑里以一种巧妙的方式顽固地隐藏着，它在为人性而祝福。因此，甚至是对他的父母，他也有必要像耶稣基督曾经对他的母亲所讲的那样说："如果我不选择父亲的职业，难道你就不能不干涉我自己的意愿吗？"

伽利略的家人希望他成为一位出色的医生，但是当被逼着去研究解剖学和生理学时，他就把欧几里得和阿基米德隐藏了起来，并默默地钻研出许多深奥问题的答案。他饶有兴趣地对比萨大教堂里的灯的挂杆进行了深入的研究，并在他18岁时得出了关于钟摆的规律。他发明的望远镜和显微镜在宏观和微观使人们的视野更加开阔了。

特纳家人希望他在少女发屋做一名美发师，但是，特纳在艺术上的灵感和天赋却使他成了一名最伟大的现代派风景画大师。

帕斯卡是著名的数学家、物理学家。最初，他的父亲想让他做一名语言学教师，但是在数学方面要求发展的声音却压过了其他任何职业的声音，这种声音一直在帕斯卡的头脑里萦绕着，直到欧几里得代替了恼人的语法为止。

约舒亚·雷诺兹的父亲因为他画了一些画，并在其中的一张上写着"本作品出自一个纯粹的懒虫约舒亚之手"而痛斥了他，然而，正是这个"懒虫"创立了英国皇家美术学院。

大目标成就好人生

年轻人常常有这样的错误想法：他们认为天才或成功是先天注定的。他们不知道，在这个世界上，被称为天才的人远比真正成就事业的人要多得多。当然，一粒煮熟的种子即使在适宜环境下也不会发芽、生长，更成不了高大的橡树。但如果仅仅因为自己不能像橡树一样高大就否认自己的能力，从而在孤独和彷徨中了此一生，则会令人感到可笑和可悲。种瓜得瓜，种豆得豆，橡树也不可能长成松树，但万事都有个例外。

许多人不能成功的一个主要原因便是没有野心。不管一个人的能力是多么出众，对待他人是多么谦虚和和善，但如果他们没有敢于超越自己的勇气，没有奋发向上的决心，没有获得成功的动力，那么他就不可能会有所作为。成功者把自己全部的精力投入工作中，对自己所追求的事业痴心不改，似乎没有人能说明白这到底是为了什么，就好像冥冥中有一种神奇的力量在引导着他们一步步迈进成功的殿堂。

22岁进入国会，23岁当上了财政大臣，25岁已成为英国首相的威廉·皮特，就是目标集中、意志坚定的典范。

威廉很小的时候，就懂得了只有成就一番伟大的事业，才不会辜负父母的期望。这一想法始终在激励着他。无论他身在何处，无论在做什么，他始终都不曾忘记父母的教导，他要出人头地，要做一个公正并有极大影响力的政治家。

这一想法充满了他全身的每一个细胞，使他具备了刚毅的性格和不屈不挠的精神，并激励着他朝着自己设定的目标奋勇前进。为了实现这个目标，在早期，他就进行了专门训练，这样做的效果是显而易见的。有的人在大学毕业后，为了工作而四处奔波，由于没有一个明确的奋斗目标，最终一事无成。但是，威廉·皮特依然没有忘记儿时的梦想，他一开始就朝着那伟大的目标奋勇前进。

"这个人既不会冒进，也不会退缩，他一直都在飞翔。"这是皮特的一个对手对他的评价。

当一个人有了奋斗目标时，他也一定会思索：这样的目标会实现吗？怎样才能实现呢？追逐梦想的过程犹如一场长跑比赛，不可能在起点就看到终点，因此，要用心中的火炬照亮脚下的路，要满怀信心而又勇气十足地过关斩将，清除一切障碍；我们应始终坚信，胜利的灯塔就在前方。虽然在漫漫长路上，难免会有烟雾笼罩，但只要此时你心中的火炬依然在燃烧，那么就终有驱散乌云见太阳的一天。

梦想是成功的起点。如果你心中有梦，并具有坚韧不拔的决心和敢于付出的精神，就一定能实现自己的梦想。

一个人的人生目标决定着他的命运。为了实现目标，他们可以改变自己的性格，改变自己的生活。同时，人生目标影响着他们的动机和行为方式。如果思想苍白、格调低下，生活质量便不会高；反之，生活则会五彩缤纷、妙趣横生。

人生目标体现了一个人的气质和涵养。人们在平常的生活中所表现出来的特质，是和自己的希望相匹配的。一个人的言行亦能折射出他对生活的态度。酝酿已久的人生目标能否实现，和这几点有直接关系。

爱迪生小时候头脑里有各种各样的幻想，他曾一动不动地趴在鸡窝里，希望靠自己的体温孵出小鸡。

为了搞清野蜂窝的奥秘，他还拿着树枝去捅蜂窝，结果被野蜂蜇得眼睛都睁不开。还有一次，他看见气球飞起来了，就想，如果人肚里充满了气体，是否也可以上天呢？这一次，佣工迈克尔·奥茨成了他的试验品。

爱迪生找来几种试剂，这些试剂吞进肚子里会发生化学反应，产生大量气泡。结果，奥茨吃了药不仅没有飞起来，还差点给要了小命。小爱迪生说："这不是我的失败，是他不中用。"

还有一次，他为了知道火苗是怎样生长的，竟将他父亲的仓库烧成了灰烬。更离奇的是，有一个小孩掉进水里淹死了，他还在河边痴痴地等待那个孩子从水里出来。

他小时候的做法，常常会换来父亲打骂，也会换来小伙伴嘲笑："奇怪的小孩，呆呆的小孩……"

他的童年是郁闷的，但他并没有因此而丧失对事物的好奇，相反却更加沉迷于对一些现象的观察和思考，并学会了写笔记。

他在学校令老师非常头疼，由于专心地思考自己感兴趣的问题，他经常忘记听讲，有时，他还把一些稀奇古怪的破烂带到教室来。这些做法引起了师生的强烈不满。

在老师眼里，他是个反应迟钝的学生，是个智力超低的人。有一次，气急败坏的老师把他的母亲找来，要求他的母亲把这个碍眼的"蠢货"带回家。他的母亲大声吼道："在我看来，阿尔比同年龄的大多数孩子要聪明。"

回到家里，爱迪生向母亲保证："我一定要做一番大事业，让说我低能的先生惭愧。"

事实证明，他母亲的说法是完全正确的。曾经说爱迪生是"低能儿"的老师，无论如何也想不到爱迪生会成为伟大的发明家。母亲的话成了爱迪生奋进的动力，他说："我要成为和牛顿、瓦特一样的人。"他知道牛顿和瓦特也都是不被老师喜欢的学生，但他们最终通过自己的努力成为了伟大的人物。

学校不要他了，图书馆成为他常去的地方，青年人协会阅览室里的16000多本藏书成为他最好的朋友，他想："总有一天，我会拥有这样的图书馆和如此多的藏书，或许，它们只不过是我所拥有的一家大型研究所的一部分。"事实证明，他不但实现了这个愿望，而且创办了属于自己的企业。

他说："要想成功，首先必须设定目标，然后再专注而又大胆地向前迈进。"每一个人都希望把梦想变成美丽的现实，希望将来生活更好。要想得到自己想要的一切，只有朝着这个方向去努力、去实践，别无其他途径。如果你有雄心，并且能让它主宰你的思想和行动，那么，你的雄心壮志就一定能实现。

把不可能变成可能

首先你要认为你能，你什么都能，在这个世界上，对于你而言，没有什么是不可能的。你必须树立这样的信心。有了这种什么都能的信心，接着便尝试、尝试、再尝试，最后你就发现你确实能了。关于变不可能为可能，我曾经用过一种奇怪的方法，让自己树立这种信心。

　　我年轻的时候，曾有过当作家的雄心。然而要达到这个目标，我知道自己必须精于遣词造句，语句将是我的工具。小时候，我家里很穷，当然也就无缘接受较好的教育。因此，有一位善意的朋友就告诉我，说我的雄心是"不可能"实现的。但是，我却不这样认为。我觉得，这个世界对于我来说，压根儿就没有什么是不可能的。

　　为了达到我的目标，为了当作家，我拿出自己的积蓄，买了一本实用又精致的字典，很漂亮，很全面。我认为所需的字词全都在这本字典里面，而我的意愿就是完全了解和掌握这些字。

　　你知道当我翻开字典后，做的第一件事情是什么吗？我先找到"不可能"这个词，接着再用小剪刀把它剪下来并扔掉。终于，我有了一本没有"不可能"的字典。从此以后，在事业上，我始终坚持这个信念，那就是：对一个要发展而且要超过别人的人来说，任何事情都是可能的。

　　你读了这个故事后，有什么感想呢？当然，这个故事也并非是要让你也把字典里的"不可能"这个词剪掉，而是要你从心中把这个观念去掉。

　　看了这个故事，希望你能对"不可能"这三个字有一个重新的认识，或者是从此从你的想法中排除它，从你的态度中去掉它、抛弃它，从此不再为它提供存在的一切理由。任何时候，我们都不要再用"不可能"来充当借口，把这个词和这个观念永远地抛弃吧，用光辉灿烂的"可能"来代替"不可能"吧！

第二章
积极行动热忱工作

　　热忱和成功过程之间的关系，就好像汽油和汽车引擎之间的关系一样——热忱是行动的动力。

　　热忱工作是一种积极的心态，它所激发出来的能量，能不断地注入你心灵引擎的气缸中，并在气缸内被明确目标发出的火花点燃和引爆，继而推动信心和个人进取心的活塞有力地转动。

展开第二张羊皮卷

热忱和成功过程之间的关系，就好像汽油和汽车引擎之间的关系一样——热忱是行动的动力。

热忱工作是一种积极的心态，它所激发出来的能量，能不断地注入你心灵引擎的气缸中，并在气缸内被明确目标发出的火花点燃和引爆，继而推动信心和个人进取心的活塞有力地转动。

热忱能和信心一起将逆境、失败和暂时的挫折转化为行动。然而这一变化的关键，在于你控制思维的能力，因为稍有不慎，你的思绪就会从积极转变成消极。借着控制热忱，你可以将任何消极表现和经验转变成积极表现和经验。

热忱对你潜意识的激励程度和积极心态的激励程度是一样的。当你的意识中充满热忱时，你的潜意识也同时烙上一个印象，那么你的强烈欲望和为达到欲望所拟订的计划是坚定不移的；当你对热忱的认识变得模糊不清时，你的潜意识中仍然留存着对成功的丰富想象，并会再次点燃残存在意识中的热忱火花。

没有热忱的人，就好像没有发条的手表一样缺乏动力。一位神学教授说："成功、效率和能力的一项绝对必要条件就是热忱。"热忱这个词源于希腊文，是"神在你心中"的意思，一个缺乏热忱的人，别想赢得任何胜利。

　　为了使你对目标产生热忱，你应该每天都将思想集中在这个目标上，如此日复一日，你就会对目标产生高度的热忱，并愿意为它奉献。詹姆士说："情绪未必会受理性的控制，但是必然会受到行动的控制。"积极的心态和积极的行动可提高热忱的程度，你必须为你的热忱制定一个值得追求的目标，一旦你将你的热忱导向成功的方向，它便会使你朝着目标前进。

　　真正的热忱是发自内心的热忱，发掘热忱就好像是从井中取水一样，你必须操作抽水机才能使水流出来，接着，水便不断地自动流出。你可以对你所知道或所做的任何事情付出热忱。它是积极心态的一种象征，会自然地从思想、感情和情绪中发展出来。但更重要的是，你可以随心所欲地从内心唤起热忱。

　　热忱的力量真的很大！当这股力量被释放出来支持明确目标，并不断用信心补充它的能量时，它便会形成一股不可抗拒的力量，并足以克服一切贫穷和不如意，你可以将这股力量传给任何需要它的人。这恐怕是你能够动用热忱所做的伟大工作了——激发他人的想象力，激励他们的创造力，帮助他们和无穷智慧发生联系。体力和精力是我们成功的资本，我们应该阻止这一成功资本的白白消耗，要汇集全副的精神，对体力和精力做最经济、最有效的利用。

成功只给有准备的人

　　勤工助学的时候，我们总这样问自己：成功到底意味着什么？失败又意味着什么？倘若你仔细想一想，你就会发现，成功与失败的距离是很小的，它们之间的距离就像一根细小的线。你的失败距离你的成功或许只有一步之遥。

你的失败也许是因为你需要"另外一点东西"把成功带给你；你的成功也许是因为你经历了多次的失败，你多走了一些弯路，找到了别人未找到的一点东西。

在我看来，消极的心态往往是导致失败的主要原因。如果你运用积极心态去追求成功，就会不停地努力去寻找"另外一点"东西。失败的人往往是因为当他们面临挫折的时候，便停止寻找"另外一点"东西。

有一位作曲家写了一首歌，却一直没有机会发表，而乔治·科汉把它买了下来，再加上"另外一点"东西，结果这首歌让乔治·科汉发了大财。你肯定想不到，科汉在这首歌里加的"另外一点"只不过是三个字："呀！呀！哎！"

大家都知道发明飞机的是美国的莱特兄弟，可是你却不知道他们俩兄弟其实仅仅在别人的基础上多加了那么一点东西而已。早在莱特兄弟发明飞机前，就有其他的发明家做过很多次试验了。

莱特兄弟制造飞机的原理和其他人没有什么不同，但是他们却加上了别人没想到的东西。在别人的基础上，他们创造出一种新的结合，所以，别人不成功的地方，他们反而成功了。

这"另外的一点"在今天看来，其实一点儿也不复杂，他们只不过是把特殊设计的活动翼缘加装在两机翼的边缘上，好使飞行员能够更好地控制并保持飞机的平衡。这些活动翼缘就是今日辅助翼的前身。

从他们发明飞机的经历中，我们得到这样一个启示：

不管怎样的成功，都仅仅是比失败多那么一点点东西，那"一点点东西"有时甚至就是微不足道的。

那么，我们如何才能做到这一点呢？

毫无疑问，这"另外一点东西"绝不会自动送上门来。所以，这就要求你正确地求得。

抓住转瞬即逝的机会

人类有着悠久的历史，对比而言，你的生命却是那般短暂。在你短暂的一生中，幸福而美妙的时刻总是转瞬即逝。稍不留意，它们就会和你失之交臂，让你后悔不迭。

抓住机会才是金

我想告诉你，机遇和你的事业密切相关。机遇是一个美丽而又淘气的天使。如果你稍有不慎，它就转瞬即逝，不管你如何后悔莫及，它都从此杳无音信，无处寻觅。

在商业活动中，时机的把握完全可以决定你是不是有所收获。能否抓住机会，是你成功的关键。要抓住每一个致富的机会，哪怕那种机会只有万分之一的希望。

在失败的道路上，到处是错失的机会。等待机遇从前门进来的人，往往忽略了从后门进入的机会。

　　这是一句在当今美国流传得十分广泛的谚语，你或许能从中领悟到一些成功的道理。

　　你一定见过溪流上有很多顺流而下的枯叶。它们有的匆匆而过，很快就看不见了；有的则靠近河岸，随流水波动，但很快就被卷进漩涡里；有的则漂到静水处，安静得像一个听话的孩子。

　　你的生命历程犹如这溪流里的流水和那漂移不定的落叶，有的停滞在某处，有的乘着急流往下游奔驰。你乘着这道流水，也许就在岸边独享一份安闲，好几年才移动那么一点点，甚至是停滞不动。顺流而下的落叶，只能跟着流水走，毫无办法。它的前途，完全由风向与流水来决定。

　　但是，决定自己的前途和命运是你自己，不必老待在静止不动的静水处。去哪里取决你的决定。你可以选择最汹涌的地方，乘着急流，去寻找更大的发展空间。你应该给自己一份信心，用尽力量，向着急流游去。

　　当然，这话说起来一点儿也不复杂，要做起来似乎却很艰难。急流处仿佛是一片风光无限的境地。然而，你是不是能够游到那里去，兴许你自己就没有一定的把握了。

　　这个时候，你或许已经有了一种前途渺茫的感觉。然而，在这种情况下，你是就此回到原地还是勇往直前呢？你是不是已经变得犹豫不决了？

　　常言道："不入虎穴，焉得虎子？"这个是否游的问题，很多人在他的一生中都会碰到的。对于那些有自信心的人来说，他必将挺身接受考验，毅然向中心游去。

　　因为他们明白，只有敢经历风险的人，机遇才会向他们开放。然而，对于那些懦弱的人，怕变化的人，他们则只好躲在安乐窝里，眼睁睁地看着别人乘着急流奔驰而下。

约翰·甘布士就是一个敢于冒险的人，善于冒险并最终乘着急流勇敢地游到了理想之所。

约翰·甘布士是美国路易斯维尔地区的百货业巨子。他对自己所取得的成功不以为然，因为在他看来，只要抓住了机会，成功就是如此简单。他说："对于机会而言，只要有一线希望，就不能放弃。"

那些自大的人听了这话肯定会不屑一顾。他们认为，一方面，实现希望的机会微小，可能性不大；另一方面，倘若去追求只有万分之一的机会，倒不如买一张奖券碰碰运气。所以，他们不懂得珍惜这小小的机会。不妨听听有关约翰·甘布士的故事吧！

有一次，约翰·甘布士要乘火车去纽约，但事先没有买火车票。那个时候正是圣诞前夕，有很多人要去纽约度假，所以火车票很不容易买到。于是，甘布士夫人打电话给火车站经理，询问是不是还能够买到当日的车票。

车站经理的答复是车票都已卖完。不过，车站经理又说，假如不怕麻烦的话，可以带着行李到车站碰碰运气，会不会有要退票的人。车站经理还反复强调了一句："这种机会或许只有万分之一。"

甘布士先生知道这个消息后，就果断地决定按原计划出行，仿佛自己已经搞到了火车票。他的夫人不解地问道："亲爱的，要是你到了车站买不到车票怎么办呢？"

他很自信地回答夫人："不用担心，大不了当成拿着行李去散步。"甘布士来到车站，等了许久，也没见到要退票的人。乘客们都川流不息地向月台涌去。

然而，甘布士并没有因此而泄气，而是耐心地等待着。距列车启动还有五分钟的时候，一位女乘客匆忙地赶来退票，由于她的女儿病得很严重，她被迫改坐以后的车次。于是甘布士买下那张车票，这样，他终于坐上了火车。

到了纽约，他在酒店里洗过澡，躺在床上给太太打电话时十分愉快地说："亲爱的，我等到火车票了，因为我相信敢于坚持到底的人才是真正的聪明人。"

约翰·甘布士在商场上的成功经历或许更能让我们理解机遇的重要性。

有一年，路易斯维尔地区经济萧条，很多工厂、商店纷纷倒闭，他们都被迫贱价抛售自己堆积如山的存货，甚至1美元就可以买100双袜子。当时，约翰·甘布士还只是一家织造厂的小技师。面对这样萧条的市场，甘布士却好像胸有成竹。他的做法有点令人费解，他立即把自己全部的积蓄用来收购这些低价货物和一个个倒闭的工厂。

人们见到他这样做，都嘲笑他是个大笨蛋！

约翰·甘布士对其他人的看法一笑置之，照样收购各个工厂和别人积压的货物，并租了一个很大的货仓存放起来。

夫人劝他，不要这样盲目地收购，因为他们的积蓄毕竟是非常有限的。如果失败，那么后果将不堪设想。对于夫人的担心和劝告，甘布士笑过后又安慰她道："三个月以后，我们肯定会发大财的。"

甘布士的话仿佛根本无法兑现。经济情况已经越来越不好，人们开始为甘布士担心。

此时，那些存货就算贱价抛售也找不到买主了，只好烧掉了所有库存的货物，以稳定市场上的物价。

太太看到别人已经在焚烧货物，极为担心，抱怨起甘布士来。他平静地说："是出手的时候了，再拖延一段时间，我们就可以大发一笔了。"

如他所料，当存货一"消耗"完，物价就涨了起来，他们从中发了大财。他的妻子对他的远见惊叹不已。后来，甘布士用这笔赚来的钱，开设了五家百货商店，生意极为火爆。凭借不懈的艰辛努力，最终，他成了全美影响力较大的商业巨子。

他在给青年人的一封公开信中诚恳地说道：

年轻的朋友们，不要放弃那万分之一的机会，因为它将给你带来意想不到的收获。有人说，这种做法不是聪明行径，比买奖券的希望还渺茫。你这么认为是很片面的，由于开奖券是受别人管理，丝毫不被你的主观意识改变。但这种万分之一的机会，却完全得靠你自己的主观努力去完成。

所以我们必须尽力抓住万分之一的机会，并不是这个机会你抓住了就能有所收获。因为，实际上，要想把握这万分之一的机会，你必须具备一些别人做不到的条件。那么，你该有怎样的必备条件呢？

在我看来，要把握这万分之一的机会，你应该具备两个基本的条件：一是你的目光应该放得远些。鼠目寸光是行不通的，你不能只看见树叶，却看不见整片森林。二是你必须坚持不懈。没有持之以恒的毅力和百折不挠的信心是无济于事的。

一旦这些条件你都具备了，只要你不懈地去努力，那么有一天你就将成为富足又幸福的人。要在商业活动中有所作为，仅靠一味地埋头苦干是无法取得成功的。看准时机就抓住它，将它变成现实的财富，才是成功企业家的明智选择。

机不可失的秘诀

机不可失，时不再来，这是大家都知道的道理。在你的生活与事业中，倘若你能在时机来临的时候抓住它，并付诸行动，那么，幸运之神就一定会光顾你的。对于商业是否成功而言，机会的稍纵即逝尤其如此。倘若有些人在时机失去之后才后悔莫及，那么他注定只是一个十足的失败者。有些人却明白时机的重要性，并能及时把握，所以，他们的一生都好像一帆风顺，心想事成。

1865年，美国南北战争以北方工业资产阶级战胜了南方种植园主宣告结束，但林肯总统却遇刺身亡。全美国的人民沉浸在欢乐与悲痛之中，既为统一美国的胜利而心情振奋，又因失去了一位可敬的总统而伤心惋惜。

然而，面对这种情况，后来成为美国钢铁巨头的卡耐基却看到了另一面。他预测到，战争结束之后，经济复苏将成为必然性，经济建设对于钢铁的需求量会大大增加。

于是，经过他不懈地努力，合并了两大钢铁公司——都市钢铁公司和独眼巨人钢铁公司，创立了联合钢铁公司。同时，他又让自己的弟弟创办了匹兹堡火车头制造公司，并让他控制经营苏必略铁矿。可以说，卡耐基拥有了一次绝好的机会。

这时候，美国击败了墨西哥，夺取了加利福尼亚州，决定在那里建造一条铁路。同时，美国政府又正在规划修建横贯全美东西的铁路。在当时，投资铁路可以说是最赚钱的。美国联邦政府和国会首先决定修建联合太平洋铁路。

然后，又决定以联合太平洋铁路为中心线，修建另外三条横贯大陆的铁路线。这三条铁路分别是：

第一条从苏必利尔湖横穿明尼苏达，途经位于加拿大国界附近的蒙大拿西南部，再横过落基山脉，到达俄勒冈的北太平洋铁路。

第二条以密西西比河的北奥尔巴港为起点，横越得克萨斯州，经墨西哥边界城市埃尔帕索到达洛杉矶，再从这里进入旧金山的南太平洋铁路。

第三条则由堪萨斯州溯阿肯色河为起点，再越过科罗拉多河到达圣地亚哥的圣大菲。

然而，当时的美国政府、国会及社会各阶层人士对三条铁路的方案并不赞同。人们向当局提出了纵横交错的各种相连的铁路建设的申请，形形色色，竟达数十条之多。美国的铁路革命已经开始了。

而卡耐基则正是看到了铁路革命到来的这个难得的机遇。因为，他很明白，美洲大陆现在是铁路时代、钢铁时代，需要建造铁路、火车头和钢轨，对钢铁的需求肯定会成倍增加。所以，卡耐基便向钢铁业发起了进攻。

在联合钢铁厂里，很快就矗立起了一座225米高的熔矿炉，这成为当时世界上最大的熔矿炉。对它的建造，投资者都很担心。然而卡耐基的努力却打消了投资者的疑虑。

他聘请了一些化学专家驻厂，以检验买进的矿石、石灰石和焦炭的品质，使产品、零件及原材料的检测系统化。

当时，从原料的购进到产品的卖出，都没有条理，直到结账时才能知道利润，缺乏科学的管理方式。

卡耐基于是采用了科学的管理方法，贯彻了各层次职责分明的高效率的管理理念，从而让联合钢铁公司的钢铁产量大大增加。

　　与此同时，他又引进了一系列先进的钢铁制造方面的专利技术，其中包括当时最先进的英国道兹工程师"兄弟钢铁制造"技术和"焦炭洗涤还原法"。

　　后来证明，他的这一做法是正确的，不然，卡耐基的钢铁事业就会在不久的大萧条中成为牺牲品。

　　经济危机席卷美国：银行倒闭，证券交易所关闭，各地的铁路工程支付款突然被中断，现场施工停止，铁矿山及矿开采相继歇业，匹兹堡的炉火也不再燃烧了，市场前景一片茫然。

　　然而卡耐基的信心却依然坚定，他断言："只有在经济萧条的年代，才能以低的价格买到钢铁厂的原材料，并且工资也相应便宜。其他钢铁公司相继倒闭，向钢铁挑战的东部企业家也停止了脚步。这正是千载难逢的好机会，绝不能放过。"

　　在经历萧条的环境下，卡耐基却反其道行之，打算建设一座钢铁制造厂。他走进股东摩根的办公室，谈出了自己的新打算："我计划投资百万元，建贝亚默式5吨转炉两座，旋转炉一座，现加上亚门斯式5吨熔炉两座……"

　　"这样做，工厂的生产能力会达到什么程度呢？"摩根问道。

　　"倘若1875年4月开始生产，钢轨年产量将达到3万吨，每吨制造成本大约69美元……现在钢轨的平均成本大约是每吨110美元，新设备总投资额是100万美元，第一年的收益就等于成本……"

　　卡耐基又指出："实际上，投资钢铁制造比投资股票收益更大。"最后，股东们同意了卡耐基的发展计划。

　　工程进度比预定的时间稍为落后。1875年8月6日，卡耐基收到了第一份订单——2000根钢轨。熔炉点燃了。每吨钢轨的生产劳务费是8.26美元，原料为40.86美元，石灰石和燃料费是6.31美元，专利费是1.17美元，总成本不过才56.6美元。这样的成本大大低于原来的预算。卡耐基为此激动不已。

1881年，卡耐基与焦炭大王费里克达成协议，双方投资组建了F.C.佛里克焦炭公司，双方各占一半股份。

同年，卡耐基又以他自己的三家制铁企业为主体，并联合许多小焦炭公司，组建了卡耐基公司。

经过这一系列的努力，卡耐基兄弟企业的钢铁产量已占了全美钢铁总产量的1/7，而且开始垄断美国的钢铁生产。

到1890年，卡耐基兄弟吞并了狄克仙钢铁公司之后，一举将资金增到2500万美元，公司名称也变为卡耐基钢铁公司。不久，又更名为US钢铁企业集团。从卡耐基在钢铁制造业上的成功经历上看，他的成功与他善于抓住有利时机是密不可分的。不用怀疑，你肯定能从他的身上大受启发。

但是，对于他的成功有些人会不屑一顾，他们会说："他只不过是运气好罢了，我倘若有他那么好的运气，一定会比他做得更出色、更有成就。什么善于把握时机啊，一切都只不过是运气使然。"

如果当你读了卡耐基的创业经历后，仍坚持自己的运气信念，在这里我们也就无话可说了，只能劝你别在这本书上浪费时间了。

但不管你是否认同我们的观点，有一点却是肯定的，那就是：

当运气来了时，你的聪明与智慧就应该很好地在运气上发挥作用。站在这个意义上，我们要告诉你，运气实际上也就是抓住机会的同义词。

只有行动才能成功

在行动中能增强我们的信心，不行动只能留下遗憾。克服遗憾最好的办法就是行动。如果你想遗憾，只要等待、拖延、推托就能够做到。

一位伞兵教练曾说："跳伞看起来是一项很好玩、很刺激的运动，但让人害怕的却是准备跳伞的那段时间。在跳伞的人各就各位时，我让他们'尽快'度过这段时间。有很多次，有人因幻想太多'可能发生的事'而晕倒。倘若不能鼓励他跳第二次，他就会永远也当不成伞兵了。跳伞的人拖得愈久愈害怕，就愈没有信心去跳了。"

"等待"也会折磨各种成功人士，让他们变得精神疲惫。

《时代周刊》曾经报道，著名新闻播音员爱德华·慕罗先生在播音以前总是满头大汗，然而，一旦开始播音之后，他所有的恐惧就都消失了。

许多老牌演员也有这种经验，他们认为，治疗舞台恐惧症最好的办法就是"行动"，马上进入角色就可以消除所有的紧张、恐怖与不安。

行动可以治疗恐惧。有一天晚上，我去拜访一位朋友，朋友五岁的儿子已经上床半小时了，却突然大声哭了起来。

原来小男孩刚才看了一部科幻片，害怕片中的绿色怪物跑过来抓他，所以才放声大哭。

他父亲的做法很特别。他并不说"不要怕，孩子，没有什么好怕的，赶快睡觉吧"，而是以一种积极的办法来安慰。

他有模有样地表演了一阵，接着走到每一扇窗户跟前，看看窗户关好没有，最后又拿了一把玩具手枪放在孩子的枕边说："毕里啊！有了这把枪，那怪物就不敢靠近你了。"小家伙听了很放心，几分钟就睡着了。

或许，你已经注意到医生对待病人的办法。医生对于那些靠吃药才能入睡的病人，都给一种没有任何作用的温和药物服用。服药的这个动作会使他们感到比较舒服，即使药片没有任何药效，也能够让他们安然入睡。

一般人应付恐惧最常用的方法就有很多让人思量的。

我曾经跟推销员在一起，他们经常怯场，甚至连最老练的推销员也是这样。他们为了克服自己的恐惧，往往在客户家门外徘徊，要不然干脆找个地方一杯又一杯地喝咖啡，来缓解自己的压力。

可是，这样做根本没有一点儿效果。克服这种恐惧最好的办法就是"立刻去做"。

你害怕给别人打电话，那就赶紧打，你的恐惧便会一扫而光。如果你迟迟不行动，你会愈来愈不想打了。

你是否不敢做一次全身健康检查？只要你敢去，所有的疑虑就会消失。你可能什么问题也没有，万一有，也可以及早治疗。然而不去检查的话，就会天天担心下去，直到真正生病为止。

你是否有勇气和领导讨论问题？马上找他讨论，这样才会发现根本没有那么可怕。

希望你能增强自信心，用行动来消除紧张与恐惧。

有一个只是空谈却没有作品的作家说："我的苦恼是日子过得很

快，却总是写不出像样的东西。"他说："你看，写作是一项很有创造性的工作，要有灵感才行，这样才能写出好的作品。"

说实在的，写作确实需要创造力。

另一个畅销书作家是这样总结成功经验的："我有不少东西必须按时交稿，因此不管怎样都不能等到有了灵感才去写，那样根本不行。一定要想办法发挥精神力量。我的办法一般是这样的——"

这位畅销书作家说：

> 我先静下心来坐好，拿一支铅笔，想到什么就写什么，尽量让自己放松，我的手先开始活动，用不了多久，我的心便静了下来，便已经文思泉涌了。当然，安静的时候也会突然心血来潮，但这些只能算是红利而已，因为好的构思都是在进入工作状态以后才能发挥出来的。"

用行动引发行动

我认为，每一个行动前面都有另一个行动，这是一个被很多人认同的道理。大自然没有一件事情无须行动就能够自己完成，即使我们准备几十种机械设备，也离不开这个道理。

你家里的室温是自动控制的，但是你必须采取行动，先选择温度才行；只有换了挡之后，你的汽车才能全自动变速。

这个道理同样也适用于我们的心理，先使心情平静下来，才能理顺思路，发挥我们的聪明才智。

有一家推销机构的经理曾向我解释，他怎样训练推销员用自动反应的方式工作，并获得很大成就。

他说:"每一个推销员都很明白,挨家挨户推销时心理压力很大。早上进行的第一次应该很困难,就算资深推销员,也有这种困扰。他知道每天多少都会遇到一点儿难堪。但是仍旧有机会争取到不少生意。因此,早上晚一点出去推销没什么不可以。他可以多喝几杯咖啡,在客户附近多徘徊一下或做点其他事,来拖延对客户的第一次拜访。"

"我用自动反应的方式训练他们。我对他们解释,开始推销工作的唯一方法就是马上开始推销,一刻都不要犹豫,要有说干就干的精神才行。应该这样做:把汽车停好,拿着你的推销品直接按响户门的门铃,微笑地向对方问候,并开始推销。这些都必须像条件反射一样自动进行,根本用不着多想。这样,你的工作很快就能够开展起来。在你下次到客户家的时候,心态就会开朗起来,业务水平会大大提高。"

有一位幽默大师曾说:"每天最大的痛苦是离开温暖的被窝走到冰冷的房间。"

他说得很正确,当你躺在床上,认为起床是一件令人难过的事情时,它就真的变成一件困难的事情。即使这么简单的起床动作,如把棉被掀开,同时把脚伸到地上,感受到冬天里阵阵的凉意,你起床的心也退却了。

那些大有作为的人物都不会等到精神好时才行动,而是推动自己的精神去做事的。

在这里,我想告诉你两个不错的办法:

第一,采取与你的自动反应相反的办法,去做那些繁杂的事务。

不要想它不好的一面,什么都不想,直接进入状态,一会儿工夫，就能完成了。

大多数的妻子都不喜欢洗碗，我的母亲也一样。但她却有一套应付的办法，以便有时间做她喜欢做的事。

她离开饭桌时，洗碗的动作已经开始了，几分钟就能搞定。把空盘子拿来，在她完全没想到洗碗这个工作时，这种做法不是比等着洗一大堆攒了很久的盘子更好吗？

今天就开始锻炼自己，先找一件你最厌烦的工作，在还没想它的讨厌之前就马上行动，这是消除烦躁心情的最好方法。

第二，把这种方法应用到设计新构想，拟订新计划，解决新问题，以及所有需要仔细对待的工作上。不能等你的精神来推动你去做，要推动你的精神去做。

为了让你达到一个好的效果，这里有个办法，用一支铅笔和白纸去计划。铅笔是使你集中注意力最好的工具。

倘若要从"布置豪华、设备完善的办公室"跟"铅笔与纸"中任选一项来提高我的工作效率，我宁肯选择铅笔与纸。因为用铅笔与纸能够把精力集中在某一具体的事情上。

把自己的计划写在纸上时，你的精力会自动集中在上面。因为我们只能全神贯注，何况你在纸上写东西时，也会同时将它们写在心里。如果把相关的想法同时写在纸上，你就可以记得更久、更准确。这个方法已经得到了很多人的证实。

这个习惯你一旦养成，即使在异常吵闹的环境中也不会受到干扰。当你思考时，应该把所想的记录下来，那样，你的灵感立刻就会来了。这实在是个好办法。

做事必须当机立断

"现在"这个词对成功而言是极为重要的，而"明天""下个星期""以后""将来某个时候"或"有一天"，都是"永远做不到"的同义词。有很多好计划都落了空，只是因为你没有说"我现在就去做，马上开始"，说的却是"我将来有一天会开始去做"。储蓄的例子就是最好的证明。

没有人会认为储蓄是件坏事。虽然一定的储蓄是很有必要的，但不表示每个人都按照计划去储蓄。许多人都想要储蓄，只是没几个人能做到罢了。这里是一对年轻夫妇的储蓄经历：

比尔每个月的工资为1000美元，然而每个月花费掉的差不多也要1000美元，剩不了多少钱。夫妇俩都很想储蓄，但是他们经常会找些理由拖延，他们总是说：

"加薪以后马上开始存钱。"

"分期付款还清以后就……"

"渡过这次难关以后就……"

"下个月就要……"

"明年就要开始存钱。"

……

最后还是太太决定要存钱了，她对比尔说："你好好想想，到底是否需要储蓄？"

比尔回答："当然要啊！只是现在省不下来呀！"

只是太太决心已定，她接着说："已经这样想了好几年，因为总是认为存不下来，所以才一直没有储蓄。从现开始，要认为我们可以储蓄。我今天看到一个广告说，如果每年存1000美元，15年以后就有

15000美元，外加6000美元的利息。广告又说，'先存钱，再花钱'比'先花钱，再存钱'容易得多。一旦你真想储蓄，就把薪水的10%存起来，不可再动用。我们先艰苦一下，只要我们真的那么做，我们就一定有存款的。"

比尔夫妇为了存钱，起先几个月自然吃尽了苦头，他们尽量减少开支，才有了一些存款。现在，他们认为，存钱跟花钱一样易行。

有没有打算给一位朋友写信？如果有打算，你现在就该去写。

是否想到一个对于生意大有帮助的计划？如果想到了，就立刻行动起来吧！要永远记住富兰克林的话："今天可以做完的事不要拖到明天。"也就是我们通常所说的"今日事今日毕"。

今日的事不要拖到明日，中国有句古话："明日复明日，明日何其多！我生待明日，万事成蹉跎。"

倘若你一刻也不忘记"现在"，就能做很多事情；如果常想"将来有一天"或"将来什么时候"，那样的人不会有什么成就。

精神散漫，将使你一事无成

你应该知道大学生怎样准备功课。例如汤姆的计划就很好，他打算用一个晚上集中精力看点浪费脑筋的书。

然而他又是怎么做的呢？他准备7点开始看书，但是由于晚饭吃多了，想看会儿电视消遣一下。

他本来只想看一小会儿，谁料他被节目的情节给吸引了，只好继续看完，两个小时的时间就这样浪费掉了。

9点的时候，刚想坐下看书，他却又想给女朋友打个电话聊聊，与女朋友聊了4分钟，他又接了一个电话，花了20分钟。

当他走到书桌旁时，忽然见到院子里有人打乒乓球，他不禁一时兴起，于是，他又打了一个小时的乒乓球。

打完球后，他已经全身是汗，就去浴室洗了洗。

接着，他又有点累，觉得应该小睡片刻。

可后来，他又感觉到有点饿了，所以还要吃点宵夜。

这个原计划好好看会儿书的愿望就这样浪费掉了，最后在凌晨1点钟，汤姆才打开书。

但这时他已经看不下去了，因为实在太困了，便睡着了。

第二天早上，他对教授说："我渴望你再给我一次补考的机会，我下次一定会很用功，为了这次考试，我昨天晚上看书看到半夜1点才睡觉啊！"

像汤姆那样患有"过度准备症"的人，还有很多很多，如推销员、主管、工人、家庭主妇等，他们总是晃悠半天以后才想干点正事。他们经常采用的过度准备包括闲谈、喝咖啡、削铅笔、阅读书报、处理私事、清理文具、逛街等一系列琐碎的小事。

我有一个办法能够使你戒掉这个毛病。那就是不停地告诫自己："我现在很好，要马上行动，再拖延就误事了。我应当把全部时间和精力用在正事上。"

一家机械公司的主管体会到："我们这一行最迫切需要的就是想办法增加'能想又能做的人'。我们的生产与行销体系中，没有一件事是不能改善的，也就是说都可以做得比较好。我可没有说目前大家做得不怎么样，他们的确都尽力了。然而像所有进步大的公司一样，我们也很需要新产品、新市场以及新的办事程序，这要靠积极主动又能干的人来实现，这些人都是富有责任心的好员工。"

主动作为一种特殊的行为，它是没有人要你去做什么，你就不由自主地做好了。那些积极主动的人，不管做什么工作，都做得很好，而且能马上进入高层次的行列。

一家制药公司的研究主任告诉我，他如何获得这个职位。他的例子正好可以说明主动性的重要作用。

"五年前，我忽然有一个想法。当时我的职位偏重于宣传工作，负责联络药品批发商。当时我们所掌握的客户资料很少，但这正是我们迫切需要的东西。我跟同事谈起市场调查的想法时，他们都不予理睬，因为有关的管理人员不了解它的关键性。

"因此我向老板陈述了我的想法，他终于没拒绝我的要求，让我每个月都要交一份'药品行销事宜'报告，尽量搜集相关的资料。后来，另外几个同事也跟着行动起来了，一年以后，公司要我放下原先的工作，一心去做这些事情。其他事情，你们已经看到了，比如我现在有两个助理、一个秘书，我的薪水也是五年以前的三倍。"

如何保持最佳状态

如何保持旺盛的精力，使自己保持最佳的精神状态，这是我们每个人都必须面对的一个问题。由于多方面的原因，不少人都未能发挥最大潜力来完成工作。比如不良的思考习惯、低效的工作方式、困顿的生活以及职业不合天性等等，都或多或少地影响着潜力的发挥。

其实，做好工作的根本因素蕴含在你自己身上，因为你才是自己最大的资本。成功的秘密就隐藏在你的大脑和肌肉当中，一切工作都取决于身体和精力，没有精力和能力是不可能做成任何一件事的。

体力和能力发挥的程度，将决定你成功的概率。损害了自身的这些力量，就在无形之中减少了成功的可能性。

积极上进、头脑敏锐的人，才会最大限度发挥自身的潜能。他知道自己身上的每一点能力、精力和才华都是非常宝贵的，都必须用在有意义的事情上，他甚至觉得任何一点儿浪费都是天大的罪过。他把自己的精力当成了宝贵的财富，不会随意"支取"。

反之，有些人未能把全部精力都集中起来，未能以最高效的方式从事工作，未能以饱满的热情和精力投入工作，因此，他所取得的业绩非常有限。

我们每天不管心情如何，都要一鼓作气，迅速振作，以饱满的热情面对工作和生活，努力做好每件事。尽量不要同那些不思进取、消极散漫的人打交道。

每天出门都要注意衣着。这不是说人应该总想着打扮，而是说应该养成衣着得体的良好习惯。整洁得体的衣着，会让你增添一份自信。如果你衣冠不整地出现在别人面前，这既是不礼貌的，也会让你感到自信不足，甚至引起你内心的不安，让你无法集中精力。

英国小说家萨克雷曾说："上帝在每个人的面部都刻着信誉的标志。"可以这样说，每个人的外表都是自己的广告。灰头土脸、神情沮丧的人，在别人心中的形象必然会大打折扣，评价自然也大大降低。因为人们都觉得外表就是内在的体现，它预示着一个人的能力和地位。

优雅的举止、得体的衣着与一个人工作和生活的习惯是密切相关的。或许不修边幅本身并不能说明太多问题，但会在工作、举止上表现出来。

　　我们绝不能因为自身的条件比较有利，便放松对自己的要求。应该让有利的条件使自己更加充满信心，应该利用各种因素增加自己的信念，去赢得成功。

　　最蠢的做法是早晨精神沮丧地去上班，做什么事情都无精打采，没有积极性与主动性。这样的青年人是可悲的。散漫、拖拉的习惯无法保证身体的健康和精神的饱满旺盛。要想以积极的姿态获得成功，就必须唤醒自己、振作精神。只有心态积极、全力以赴，才可能做出一番事业。反之，如果身体和心理状态都不好，就必定对自己失去信心。而健康和自信又是密切相关的。

　　自信不足的人往往很难取得成功。彷徨犹豫，思想消沉，同样也无法享受胜利的狂喜。许多人老是感到力不从心，这样必然会失去良机，被别人抛在身后，甚至眼睁睁地看着有些能力不如他却精力充沛的人，轻而易举地跑在了他的前面。

　　有些人总是喜欢把心思和精力投入业余活动，对待工作却心猿意马，不去全力以赴，上司略微提醒几句，他便顶撞个没完。他以为，体力劳动才会耗费精力。其实，大多数工作和活动都会消耗人的心思和能量。尤其是一些不良的思考方法以及烦躁、忧愁等，更会无端地浪费人的宝贵"资本"。

　　充满健康和活力的人，对待工作常常会感到轻松自如、游刃有余，至少不会有疲于奔命之感。因为他可以以征服者的姿态面对工作，他始终处于临战状态，身上的每一个地方都迸发出能量，时时处处洋溢着生命的活力。他自然比那些整日浑浑噩噩的人更容易取得成功。

　　不管到什么时候，生气、急躁、抱怨对问题的解决都不会有任何帮助，它只会浪费人的能量和精力。而这些能量和精力本来是可以完善自己、造福人类的。

每一天心情是好是坏，心态是积极还是消极，这在一定程度上反映了一个人的自我控制能力。

当你有时候不需要上班、不需要谈业务时，最好也选择出门，而不是让自己闲在家里。人的惰性是很强的，内心永远都需要不断激励。否则，懒惰将给你带来巨大的损失。我们应成为自己精神力量的主宰者和环境的主人。力量和才能就像新士兵，他讨厌操练，但我们必须督促他，必须做一个合格的指挥官。否则，懈怠就会侵害精神。

此外，每个人都应该有一个幸福、和睦的家。如果每次一到家里就感到压抑而沮丧的话，还怎么做好自己的工作呢？一间整洁、舒适的卧室，可以供你安静地读书，认真地思考未来。这样，人才会不断成长。

许多年轻人忽视了晚上时间的利用，不注重提高自身能力和素养，也不去建立属于自己的空间，不去创造相应的环境和条件。长此以往，发展空间就会受到知识贫乏、精力有限的阻碍，成就一番大业的梦想就会变得遥不可及。

我们必须清楚：内心顽强的意志是自身的卫士，它有着很强的抵御能力，可以战胜各种心理和生理病魔。

奋勇向前，蔑视困难，切实做好每一件工作将会使你终生受益，这比任何保健品和防护措施都更管用。

与成功者结伴同行

一个人是否有梦想，能否有所作为，周围的环境对他的影响是非常巨大的。如果身边的人鼓励你、支持你，那你就会积极而又乐观地去工作。如果你身边的人总是说些让你丧失信心的话，让你打退堂鼓，那你就很难取得重大成就。

一个人潜在的能量是巨大的，当它受到外界刺激时，常常能迸发出惊人的力量，引领人做出惊天动地的事情。可以激发潜能的事情往往显得微不足道的，有时是一本很重要的书籍，有时是一则寓意深刻的故事，有时是一场精彩的演讲，有时是一句至理名言。总之，身边的人，周围的事随时都可能会激发你的潜能。

约瑟夫·亨利的一句赞赏的话，激励贝尔发明了电话。贝尔28岁时曾拜访著名物理学家约瑟夫·亨利。他向亨利谈及自己一直在做的"多路电报"试验时，亨利却嗤之以鼻。面对这样沉重的打击和嘲讽，贝尔并没有灰心，也没有因此一蹶不振。他依然聚精会神地致力于自己的试验。

后来，他惊奇地发现：当带有绝缘材料的导线卷成螺旋状，并间隔地通电时，便会发出"嚓嚓"的声音。他把这个奇怪的现象告诉给了约瑟夫·亨利。这回，终于引起了亨利的兴趣。

贝尔对亨利说："我断定，这一现象表明电报线可以传递声音。只是我对电学知识的了解十分有限，不知道可否请求电学专家帮助，做进一步的研究？"

亨利听了这番话，不由自主地被眼前这位青年的执着精神所打动，他语重心长地说："以你的天赋和勤奋，没有学不会的知识，没有攀登不了的科学高峰。努力吧，年轻人！"

约瑟夫·亨利当时说这两句话时并没有料到它会产生点石成金的神奇力量。然而，多年以后，当贝尔成就卓著时，依然对这两句话记忆犹新。他常常对自己的朋友谈起此事："约瑟夫·亨利的鼓励让我产生了突破前人的勇气。如果不是遇上亨利，或许，我永远也发明不出电话。"

我们都有这样的体验：当你听到别人取得了突出成绩时，当你看到自己苦苦奋斗却功败垂成，在别人手里却轻而易举地变成成功现实时，当你看到自己跟他人还存在明显的差距时，你的内心就会产生澎湃的激流，你就会树立重整旗鼓的决心，以新的勇气和信念投入自己的工作。

一些年轻的创业者在屡次碰壁之后，不免会产生失落甚至绝望的情绪，它无形之中会给自己的心灵天空蒙上一层阴霾。但当他们拜访过成功的大企业家之后，他的心中又会燃起万丈豪情。很显然，是那些成功企业家的事迹刺激了他们的进取心，激励着他们突破重围，走出一片光明的未来。

其实，这些事不仅发生在失败者身上，也常常发生在成功者身上。实习老师在成功地讲授了一节课之后，再去听著名教授的专题讲座，往往会产生新的目标、新的动力，渴望自己攀上事业巅峰。学生在取得优异成绩时，看到才华横溢的专业人士，心中定会树立更加豪迈的理想。

成功者总是与成功者交友，失败者也总是与失败者为伍。不幸的人吸引不幸的人，而散漫的圈子里也都是散漫的人。

　　有些人从小生活在乡村，当他们走进城市开始新生活时，才发现，比起乡村来，城市里充满了险恶与竞争。而自己先前安于现状、与世无争的心态与这里的紧张忙碌、竞争激烈的生活节奏是多么格格不入！于是，他们开始重新审视自己的生活状态，重新树立奋斗的目标，并以全新的积极姿态投入到工作和事业当中。

　　印第安的一所学校里保存着不少印第安学生的毕业照，他们一个个精神饱满，斗志昂扬，就像是凯旋的战士。这跟他们刚入学时的神情截然不同。然而，当他们毕业回到家乡的部落之后，不少人又恢复了原样。原因很简单，激发自己上进的环境不复存在，他们的进取心又被旧环境消磨殆尽了。

　　因此，在你人生之路上，尤其是当你年轻时，无论如何，都要尽力步入有利于激发自身潜力的环境当中，多接触和交往给你勇气和自信的成功者。这种选择对人一生的影响是不可估量的。

第三章
克服困难创造奇迹

　　我是自然界最伟大的奇迹。

　　我不可能像动物一样容易满足，我心中燃烧着代代相传的火焰，它激励我超越自己，我要使这团火燃得更旺，向世界宣布我的出类拔萃。

　　没有人能模仿我的笔迹，我的商标，我的成果，我的推销能力。从今往后，我要使自己的个性充分发展，因为这是我得以成功的一大资本。

展开第三张羊皮卷

从上帝创造了天地万物以来，从我出生到现在，没有一个人和我一样，我的头脑、心灵、眼睛、耳朵、双手、头发、嘴唇都是与众不同的。言谈举止和我完全一样的人以前没有，现在没有，以后也不会有。虽然四海之内皆兄弟，但是人人各不相同，我是独一无二的造化。

我是自然界最伟大的奇迹。

我不可能像动物一样容易满足，我心中燃烧着代代相传的火焰，它激励我超越自己，我要使这团火燃得更旺，向世界宣布我的出类拔萃。

没有人能模仿我的笔迹，我的商标，我的成果，我的推销能力。从今往后，我要使自己的个性充分发展，因为这是我得以成功的一大资本。

我是自然界最伟大的奇迹。

我不再徒劳地模仿别人，而要展示自己的个性。我不仅要宣扬它，还要推销它。我要学会求同存异，强调自己的与众不同之处，回避人所共有的通性，并且要把这种原则运用到商品上。推销员和货物，两者皆独树一帜，我自豪不已。

我是宇宙中独一无二的奇迹。

物以稀为贵。我独行特立，因而身价百倍。我是千万年进化的终端产物，头脑和身体都超过以往的帝王与智者。

但是，我的技艺，我的头脑，我的心灵，我的身体，若不善加利用，都将随着时间的流逝而迟钝、腐朽，甚至死亡。我的潜力无穷无尽，脑力、体能稍加开发，就能超过以往的任何成就。从今天起，我要开发潜力。

我不再因昨日的成绩沾沾自喜，也无须为微不足道的成绩自吹自擂。我能做到比现在完成得更好。我的出生并非最后一样奇迹，为什么自己不能再创奇迹呢？

我是自然界最伟大的奇迹。

我不是随意来到这个世上的。我生来应为高山，而非草芥。从今天开始，我要竭尽全力成为群峰之巅，将我的潜能发挥到最大限度。

我要吸取前人的经验，了解自己以及手中的货物，这样才能成倍地增加销量。我要字斟句酌，反复推敲推销时用的语言，因为这是成就事业的关键。我绝不忘记，许多成功的商人，其实只有一套说辞，却能使他们无往不利。我也要不断改进自己的仪态和风度，因为这是吸引别人的美德。

我是自然界最伟大的奇迹。

我要专心致志对抗眼前的挑战，我的行动会使我忘却其他一切，不让家事缠身。身在商场，不可恋家，否则它将使我思想混沌。同时，我在与家人共处时，必须把工作留在门外，否则家人会因此而遭受冷落。

商场上没有一块属于家人的地方，同样，家中也没有谈论商务的地方，这两者必须截然分开，否则就会顾此失彼，这是很多人难以走出的误区。

我是自然界最伟大的奇迹。

我有双眼，可以观察；我有头脑，可以思考。现在我已洞悉了一个人生中最伟大的奥秘。我发现，一切问题、沮丧、悲伤，都是乔装打扮的机遇之神。我不再被他们的外表所蒙骗，我已睁开双眼，看破了他们的伪装。

我是自然界最伟大的奇迹。

飞禽走兽、花草树木、风雨山石、河流湖泊，都没有像我一样的起源，我孕育在爱中，肩负使命而生。过去我忽略了这个事实，从今天开始，它将塑造我的性格，引导我的人生。

我是自然界最伟大的奇迹。

自然界不知何谓失败，终以胜利者的姿态出现，我也应当如此，因为成功一旦降临，就会再度光顾。

我会成功，我会成为伟大的推销员，因为我举世无双。

我是自然界最伟大的奇迹。生命只有一次，而人生也不过是时间的累积。我若让今天的时光白白流逝，就等于毁掉人生最后一页。

失败是成功之母

大家一定非常想知道，我从转折点中获得了什么利益来维持我的生活。我会把一切都告诉你。首先，出版那本书所得的报酬是我必须的。除了这些收入外，我还撰写了一系列配合图画刊出的社论，将在全国各大报刊登出。这些钱足够我维持生活。

这些成功让我意识到，失败是赐予我知识和经验最好的途径。倘若我们了解之后，失败的"哑语"便成为最容易理解的语言，也就是宇宙通用的语言，当我们沾沾自喜时，大自然会用它向我们呼喊。

我失败的经历让我有勇气去接受任何挑战。当我们把失败看成是指导我们走向成功的路标时，失败就变得不再可怕。

我坚信，失败是大自然已经安排好的，它要用那些失败来考验它的子民，让他们时刻为工作做好充分的准备，同时烧掉人们心中的污垢，让人类这块"金属"变得纯净。

切记：命运之轮无时无刻不在不停地旋转着，如果它今天带给我们的是悲哀，喜悦肯定就在明天等着我们。

无所畏惧的勇气

在奥弗格纳城堡战役中，一个巡逻的战士被困在城堡中，他不断地转换位置，对敌人进行射击，这种做法有效地迷惑了敌人的判断。而当整个城市的投降协议签署完毕之后，对方要求城堡中的"护卫部队"也出来投降。然而，只有一个人走了出来，就是那个"最勇敢的法国神枪手"，而且他手中还举着自己的武器，这使得所有在场的人都大吃一惊。奥地利军队的首领对着他大叫："你们整个护卫部队必须弃堡投降！"接着又问："你们的部队呢？"这个勇敢的战士对着敌人冷笑道："我不就是吗？"

加里波第的统治力量是令人难以想象的！在罗马，他命令40个战士去攻打一个地方。大家估计此去凶多吉少，要想活着回来，几乎是不可能的。然而，所有的战士无一人退缩。他们十分清楚。不但要走过很长的路，而且生死难料。但他们把服从军队的命令看作是神圣的职责，哪怕是战死沙场，也绝不会动摇他们永远向前的坚强意志。

那么究竟是什么力量使加里波第吸引别人或被别人注意呢？人们最终不由自主地进入他所领导的团体中来，他把人们吸引到自己的身边，建立起了一支军队，这样，他就成为最强大的人。而通常来说，能做到这一点，必须要有一种积极的品质，那就是道德上的勇气和强健的体格。

有一位人称"绅士乔治"的年轻军官，他叫乔治，一位战争作家曾经对他这样描述过：这位"绅士乔治"唯一的爱好就是学习，他利用业余时间，每天坚持读《圣经》。军营生活从来都是公共性的，他很少会有私人空间，乔治经常遭到战友们善意的嘲笑。

后来他制作了一张有关军营所在地乡村的详细地图，得到了军队领导的一致好评。而当一个士兵无视军纪，触犯了军纪，乔治勇敢地将其制伏。有一次在战场上，乔治在敌人火力所及的范围内迅速地冲出去，救回了一位受伤的军官。这些事件发生后，当他读《圣经》时，再也没有人敢嘲笑他了。

勇士的高贵在于他们用坚如磐石般的决心来选择崇高的事业，在于以顽强的自制力来抵制最不可抗拒的诱惑，在于以乐观的心态来承受最沉重的压力，在于以平静的心态来面对最猛烈的暴风雨，在于以坚韧的毅力来对付生命中的挑战和挫折，在于以最高贵的品质来捍卫真理、推崇美德和坚守信仰。

有这样一个人，他就是以无畏和诚实著称的大法官亚里斯泰迪斯。当时，地米斯托克利希望把希腊的控制权从斯巴达人的手中夺回到雅典人的手中，为此，在一次公众集会上，他将提出一个很重要的方案，但是他又不能把方案的所有内容完全公之于众，因为这个方案一旦被泄露出去，就很难再成功了。他提出，希望人们可以选出一个代表来和他讨论这个方案的具体计划，随后对这个方案的细节和利弊进行详细的阐述。人们同意了他的意见，于是就选出了亚里斯泰迪斯来听取他的方案和意见。

地米斯托克利把亚里斯泰迪斯拽到一边，对他说，他所设想的方案是炸毁那些属于希腊其他城邦的舰队，因为当希腊人攻占雅典后，会把他们的舰队停靠在附近的一个港口。亚里斯泰迪斯听完这一方案后，回到公众集会场所，向众人宣布，对雅典来说，地米斯托克利的这一方案是最有价值的；但同时，这一方案也是世界上最不公正的，其手段也是最为卑劣的。既然亚里斯泰迪斯对这件事情做了这样的表态，公众在匿名表决中就要求地米斯托克利放弃他的计划。

当杰斯特森主教还是一个生活在伊顿的孩子时，他就成为小小的领导者，那年他才10岁。他敢于大声宣布，如果在每日晚餐时再唱那些难听的歌曲，他将辞去现任的领导职务，并且不再和他们玩了。

于是，当有一首他们不愿意听到也不愿意唱的歌曲被唱起来时，他和一些人一起站了起来，立刻离开了那间屋子。直到那些唱歌的人道歉之后，他才同意继续做他们活动的小领导。同样，当格莱斯顿还是一个生活在伊顿的小男孩时，听到不合时宜的声音时，他就会放下手中的杯子。当索尔兹伯里主教还是一个学生时，他是在格莱斯顿的帮助下才避免走上罪恶的道路。格莱斯顿成为许多学生的榜样，学习他有节制地饮食，学习他少喝酒的习惯。

无论何时何地，这一点总是与事实相符的。在哈佛大学，阿瑟·库姆诺克认为，自我节制和公正要在所有事情上都体现出来，比如要保证游戏的公平，要注重礼仪，要谦虚谨慎，由于他的作风向来如此，所以对周围的人产生了巨大的影响力。这样，影响到别人，使人们对公平正义有了更深刻的理解。所以，道德上的勇气有着很强的影响力。

造物主要求一个人正直、纯洁且慷慨，同时也要求他充满智慧、机敏、健壮而勇敢。

"在我心中，路德是一位真正的强者，"卡莱尔说，"在智慧、勇气、情感、品格上，他都是伟大的。他是我们最值得敬爱的人物之一。他的伟大与一个用石头砌成的高大纪念碑不同，而是如同阿尔卑斯山一样，是那样自然而不凡。他并不是为了贪图伟大才使自己耸立起来，而他本身的品质更有其深刻的意义。是啊，这样的山怎能被征服！它向着天空无限地伸展，直入云霄。"

保守阻碍了成功的步伐

20世纪初期，大众已日趋信赖信贷消费，并期望能在一家商店买齐需要的所有商品，同时人口也在慢慢地向大城市及其近郊迁移。但美国的大型连锁商店吉姆·彭尼公司仍墨守成规，实行现付现买的经营方式。不久，这种陈旧的经营方式，就逐渐在竞争对手面前败下阵来。直到有一位职员向公司提出了一个建设性的意见之后，才使得公司高层如梦方醒，他们认识到这40年来一贯坚持的路线和方针的弊端。

那是一个春季的早晨，吉姆·彭尼的杂货店开张了。它坐落于怀俄明州西南角的边境城镇内。主人给它取的名字叫"黄金准则"，出处是他的父亲根据《圣经》戒律向他提出的一条告诫：

尊重别人，别人才能尊重你。

开业前，这个年轻人向全镇发了大量的传单。开业当天，他的店到了午夜时分才打烊，销售额更是出乎他的意料。就这样早出晚归地干了一年，营业额居然达到2.8万美元。彭尼在来小镇之前，这里所有的商店都被一家矿业公司掌控着，由于那儿的大多数业务是以赊销或代金券方式成交，而彭尼的商店则没有这两项业务，只能提供一些商品，根本没有其他服务能够提供。

彭尼也未曾对店面进行个性化的包装，他把所有的商品都摆在柜台上，这样顾客既看得见又摸得着，不过彭尼同时实行退货服务，倘若顾客对买回去的物品不满意，能够如数退回。

彭尼是个不安于现状的人，他考虑到要多开设一些商店。到1910年，彭尼已将公司改为彭尼公司。这时他的连锁商店已分布在西郊的六个区。他始终保证给顾客货真价实的商品和最低的价格。他仍坚持只用现金交易的政策，也不对店面做特别的装修。虽然商品的价格低，但是公司仍可获利。

彭尼把连锁店全部开在一些小城镇上，因为这里不像大城市那样竞争激烈，这就更有利于彭尼公司的迅速发展。短短的30年间，他已经拥有了1500家分店了。

虽然彭尼的公司取得了如此巨大的成就，并在美国中部深深地扎下了根基，但到了20世纪50年代，因为社会的不断进步和发展，公司内部还是出现了一些状况。

西尔斯是一家跨国企业，而彭尼公司在同它比较时发现自己差得很远。在分析原因后得知，他们始终坚持过去那种保守的营销模式，一直都没有改变过，仍固守着老的传统，实行"一手交钱，一手交货"的生意经，而且没有根据城市市场的崛起做出必要的战略调整或转移。

当然，他过去的一些低价位、供真货等销售手段还是很受大众欢迎的。长期以来，产品没能及时得到更新，直到20世纪70年代，他的公司还是只生产服装。像家用电器、家具、汽车零件等这样的领域他却从未涉猎到，而这些早已成为西尔斯、沃德公司经营范围的一部分。还有一个问题便是，大多数彭尼商店坐落在一些人口较少的小地方，这对它的业绩也有很大的影响。

因此，当务之急是对公司做出一系列调整。虽然现在公司的存亡还没受到威胁，但它的利益显然有所损失。要想对这种长久以来根深蒂固的状况进行变更，显然是要付出巨大而且艰辛的努力。

1987年，彭尼公司的一位总经理威廉给董事会写了一份备忘录。这份备忘录在现代企业史上也算是一份意义深远的报告。那时，威廉感到公司已到了非变革不可的地步了，所以，他向董事会递交了一份备忘录，对公司的保守、陈旧提出忠告。

随着社会的发展，尤其在一些大城市，人们的人均收入已普遍提高，人们不只是满足于那些日常生活用品，对那些时髦的商品也有了需求。

在备忘录的开始，他就设计了一个几乎完全由电脑控制的系统。

原来的彭尼公司都是以手工操作信贷业务，它需要37个中心来为所有的商店服务，然而现在它使用了计算机，因此只要建立14个地区性的信贷办公室便可以了。

1962年，彭尼的所有分店都实行了货币信贷业务。1964年，从500多万个经常收支账户中所取得的收入高达6亿美元。同时，彭尼公司为了迎合市场的需要，开发了许多新的产品。它迈出的第一步，就是开始经营高档的妇女时装、家具和皮革制品。1962年，它又进一步推出耐用商品。其他的经营模式也在筹备中，如药房、超级市场。

彭尼公司多样化的经营已真正地走上了正轨。1968年，彭尼公司准备扩大公司的规模。保守的政策被彻底摒弃了，目前的彭尼公司正以蓬勃的姿态昂首向前发展着。在最近的几十年里，彭尼正以惊人的速度赶超西尔斯公司。

彭尼公司早年的政策确实是行之有效的。但随着时间的推移，有些政策已不能再适应新的环境。对公司政策最先的改革是针对一些领导层。公司的大部分领导都是从基层一步步升上来的，所以领导层多为参与过公司早期发展的同事。厄尔·萨姆斯就是这样的一个人。他以前是彭尼的职员，尔后又为其管理一家商店。1941年，他被提升为总经理。到了1946年，他已成为董事长。

后来一位名叫欧伯特·休斯的人接替了萨姆斯的职位，于1946年被任命为总经理，直到1958年，他才让位给巴腺。巴腺就是写备忘录的那位。1961年，巴腺升为董事长，雷·乔丹成为总经理。

以上这些人始终都坚持彭尼公司过去的经营模式，都极为反对那些新的变革。这是很值得我们反思的：一个企业一旦缺乏新鲜的血液会产生怎样消极的影响，尤其是它的领导阶层。

　　没有创新的思维，甚至没有外部人员的"破坏性"影响，旧的政策将很可能永远不会消失，那么创新将不会实现。

　　若要一个企业能有所发展，首先应根据企业的自身状况，结合市场的发展需要，做出战略性的调整。就这点来讲，一个负责长期计划的人员将有助于管理，了解环境，提供其进行变革所需要了解的信息。

　　只要对本行业中的经济形势保持警觉，那么对于所有人，经营中的大多数变化都是很明显的。例如，信贷业务日益普及，早在彭尼公司成立伊始，便有其他公司实行了这一业务，而彭尼公司的脚步却慢了很大一步。

　　那么，为什么公司的领导层就对此视而不见呢？其实原因很简单，这些人只是被平常的方法遮住了眼睛，但当发生某种情况，令他们感到震动时，他们才会突然醒悟。因此，对环境的变化时刻有所了解，主动进行变革，这是企业成功的关键。

　　彭尼公司的例子告诉我们，一个优秀的组织需要不断补充新鲜血液。单纯依靠内部自身的循环，很容易令企业停滞不前、毫无生气。

　　当然，我们并不提倡公司的重要管理职位由外人来担任，这样做也会影响到下层管理人员的士气。如果能采取一种折中的办法，结果就会相反，即一方面从机构内部选拔优秀人才担任公司的领导；另一方面，从外部吸引一部分人才加入组织，为公司的发展出谋划策。所以说，只有这种办法才是比较切合实际的。

　　彭尼公司的例子说明，创新对任何企业来说都非常重要。

克服难以克服的困难

这个世界需要的是能够直面困难、战胜困难的强者，而不是那些懦弱胆小、知难而退的人。那些业绩平平的人往往长了一双专门发现困难的眼睛，无论他从事何种职业、执行何种任务，他首先看到的都是困难。

他们莫名其妙地担心前进路上遇上困难，这使他们气力尽失。他们好像对困难有一种特殊的感情，一旦行动起来，就开始寻找困难，时刻等候困难的出现。当然，最终他们找到了困难，并被困难俘虏。

这些人似乎戴着一副特制的眼镜，除了困难，什么也看不见。他们前进的道路上总是竖着一块块牌子，上面写着"如果""可是""或者"和"不能"，这些路障足以让他们止步不前。

他们认为，去争取一个文化公司招聘的职位是毫无希望的。因为在他们之前，已经有数百个应聘者递交了申请书。失业的人那么多，他怎么可能找到工作呢？如果他有一份工作，他也会觉得其他同事都比他做得好，更受老板赏识，他想升职是难上加难的。

向困难屈服的人必将一事无成。一个人的成就与他克服困难的能力成正比，他战胜别人所不能战胜的困难越多，他取得的成就也就越大。这个道理并非所有的人都能明白。一个年轻人经常抱怨命运对他不公平，没有赐给他开创事业的机会，所以他只能为别人卖力。他身上的最大特点就是看到处处都是不可征服的困难。他说，如果有别人的帮助，如果别人能帮助他开办一个公司，那么他一定能取得成功。

从他说的话中，我敢断定他不太可能取得成功，因为他不具备成功的品质。

他承认自己不能单独面对困难，承认自己懦弱无能。他承认在困难面前，自己没有勇气抬头，而别人却能击败这些困难。如果一个人说，机遇总是背对着他，他总是找不到适合自己的事做，那么实际上他是在承认自己没有把握环境的能力和力量，不得不向困难低头。他的臂膀不够坚强，也许一根稻草的重量也承受不了。

那些善于发现困难的人有一个致命的弱点，就是意志薄弱、不能驱除障碍。他们也渴望成功，却不想付出代价，只习惯于随波逐流，浅尝辄止，贪图安乐，缺乏雄心壮志和坚持不懈的毅力。如果你足够强大，那么困难和障碍就会退缩；如果你很弱小，那么障碍和困难就会向你逼近。有的人总喜欢把困难扩大化，缺少必胜的决心和勇气。为了获得成功，他们不愿牺牲一点儿不安和舒适。上大学或者创业在他们看来是可望而不可即的事情。因为没有资金，所以他们非常希望别人能够给他们以资助、支持。

一个年轻人告诉我，他是多么渴望步入大学校园学习知识，可是他的命太苦了，没有一个富有的爸爸给他交学费，而他自己又无能为力。听完他的话，我明白了这个年轻人的真正愿望并不是上大学，而是想不劳而获。

一个健康的年轻人说自己无力上大学，那么身有残疾和有智力障碍的人又是怎么上的大学呢？这样的年轻人过于害怕困难，他不但不会进入大学殿堂，而且也无法登上成功的巅峰。

有的年轻人虽然知道自己要追求什么，却因畏惧成功道路上的困难而迟迟不敢前行。他把一块小小的石头想象得比一座高山还难攀登，一味地望"石"兴叹，直到失去了克服困难的机会，一次次地陷入恶性循环。没有进取精神的人与懦弱平庸人有何两样！这样渺小的人，注定一事无成。只有意志坚定、行事果断、永不言败、目标明确的人，才能真正排除万难，勇敢地向着自己的目标前进，去争取胜利。成就大业的人，从不因为困难而徘徊。对他们来说，心中的目标是伟大而令人振奋的，他们会向着这个目标一刻不停息地努力攀登，至于暂时的困难，则是微不足道的。

伟人只关心一个问题："这件事情有完成的希望吗？"只要有希望，不管有多少困难、多大困难，都可以克服。一叶障目不见泰山，说的是一个人躺在地上，会被一片树叶挡住视线而不见群山。同样道理，那些卑微的人会被微小困难蒙蔽双眼，而看不到伟大成功。

生活中处处可以见到给自己制造障碍的人。在每一个学校董事会或公司董事会中，这样的人总是夸大困难、小题大做、危言耸听。如果一切事情都依靠这种人，恐怕所有学校、公司、企业机构都要成为一摊烂泥，一切造福这个世界的伟大创造和成就将不复存在。

一个取得成功的年轻人也会承认困难的存在，却从不惧怕它，因为他相信自己能战胜困难，他相信勇往直前的力量能清除这些障碍。有了决心和力量，这些困难又算得了什么呢？冬天的阿尔卑斯山固然可怕，但在拿破仑眼里，它不过是挡在对面平原前的一层白纸，只要他肯伸出手去撕掉它，碧绿将即刻映入眼帘。乐观地看待困难，多一些喜悦，少一些忧愁，你会发现，这不仅使你工作充满乐趣，还会让你享受到幸福。它变烦恼为快乐，赶走工作中的苦闷，让生活充满阳光。它比金钱更有价值。你会发现，自己的优点越来越多，愁容越来越少，你可以用充满阳光的心情去轻松地面对困难，保持着自己心灵的和谐。而有的人却依旧为难所困，失去了心灵的和谐。

一个人必须会消除前进路上的绊脚石，并不惜任何代价去穿越成功路上的障碍，否则他将一事无成。而通往成功路上的最大障碍就是自己，自私自利、贪图享乐是所有进步的围栏，胆小、疑虑和畏惧是最大的敌人。克服你的弱点，超越你自己，你就会战胜一切困难。

克服困难的关键就在于你对它的态度。困难就像纸老虎，你越害怕它，它越露出牙齿恐吓你，你若畏缩不前，它就会猛扑过来，吃掉你；但是，如果你挺直腰身，瞪视它，一步步逼近它，它反而疾步后退，落荒而逃。对于懦弱和犹豫的人来说，困难是恐怖的，你越犹豫，困难越变得恐怖，越不可逾越，但在无所畏惧的人面前，困难将会消失得无影无踪。

夏洛特·吉尔曼在《一块绊脚石》一诗中描述了一个负笈登山的行者，他突然发现一块巨大的石头挡住了他的去路。他沮丧至极，祈求这块石头为他让路，但它一动不动。他跪下来，请求它离开，它仍纹丝不动。突然间，他鼓起了勇气，最终解决了困难。

用他自己的话说："我摘下帽子，卸下压在我身上和心上的沉重负担，拿起我手杖，径直向着那恶石冲了过去，不经意间，我就翻了过去，好像它从不存在一样。只要我们下定决心，向困难前进，而不是畏缩不前，那么，困难也就不是什么困难了。"

从失败中去争取胜利

美国总统罗斯福在华盛顿的一次演讲中说了这么一段让美国人记忆深刻的话："做一个坚强的美国人吧！鼓起勇气向生活困难冲击，不要惧怕失败，要从失败中奋起，去争取胜利。"

从此，"要从失败中奋起，去争取胜利"成了千千万万人激励自己的座右铭。也许你曾经苦恼过，也许你曾经彷徨过，也许你曾经无助过，也许你为自己平庸焦躁过，也许你曾失去了朋友、亲人、住房或所有的财富，也许你失去了亲自去上班的能力，抑或完全失去了行动能力，但只要你不屈服，不被挫折吓倒，有勇气面对这一切不幸，有从失败中奋起的精神，你就会取得最后的胜利。

拿破仑的一支12万人的军队被75万人的奥地利军队挫败了，拿破仑非常失望地对士兵们说："你们令我很失望，你们缺乏必要的以一当十的勇气，你们不配法兰西勇士的称号！"这些战后余生的法兰西士兵眼含热泪说："您知道敌人兵力数倍于我们，我们不是懦夫，把我们派往最能考验我们的地方去，看看我们配不配称法兰西勇士？"

在随后的战役中，这支部队勇猛地冲锋陷阵，最终把奥地利军队击溃，他们用事实证明了自己的无所畏惧。

生活中不乏一些仅仅因犯了一些小错误，或失去了全部财产，或投资项目破产了就唉声叹气的人，有的人甚至由此走上绝路。实际上，好好想一想，失去这些身外之物又能怎么样呢？

如果你真的丧失信心，仰躺在地上，那你也许真的完了，永远没有希望了；但如果你遇挫不败，勇气倍增，对自己充满信心，决心从头再来，那你又会向成功迈进。生活中也有这么一些人，他们不管是在战场上与敌人真刀真枪地作战，还是在后方与敌人明争暗斗，都能够像尤利西斯那样为了正义做不屈不挠的战斗，即使面对狰狞的死神，也无所畏惧。只有这样的人，才可能是屹立不倒的人。只有像拿破仑那样蔑视困难，不承认失败，认为世上没有不可能的事的人，才能成为与成功相见次数最多的人。你或许与成功失之交臂，所以你现在放弃了。你没有好好想一想，你如果放弃了，那就意味着你又多经历了一次失败，甚至你今后真的永远与成功无缘。上一次失败，不等于这一次也失败，只要试一试，希望还是存在的。

狄更斯在小说《圣诞颂歌》中塑造了斯克鲁奇这么一个守财奴的形象，斯克鲁奇自私自利、心胸狭窄、冷酷无情、视财如命，他把自己偷偷储藏的一堆金子视作自己生存的唯一精神支柱。但是到了晚年，他却变成了一个富有同情心、出手慷慨大方的善良老人。这一巨大转变并不是狄更斯杜撰出来的，它也来源于生活中，我们从媒体上不是也多次看到许多人从过去的失败中醒悟过来，振作起来，重新踏上了征途吗？

对于一个不惧怕失败，始终充满信心、勇气、意志的人，就不会有真正意义上的失败，最终一定能走向胜利。暂时的失败只能激发起他们更大的自信、勇气和更顽强的抗争，也让他们更强大。比彻说得好："失败只会让勇者的肌肉更结实，体魄更健壮，更加坚不可摧。"

也许很多人大半生过得平平安安、富富足足，也积攒了不菲的钱财，也有了许多知心朋友，社会名望也很不错。但突然有一天，这一切都如海市蜃楼般消失了。他们无法接受这巨大的打击，对生活一下子失去了信心，思想僵硬、机体麻木起来。他们进取的力量和勇气好像也随着这一切的消失而不见了。

不可否认，这一打击是巨大的、沉重的，人人都会有一种天突然塌下来的感觉，但如果能够勇敢面对，那就大不一样了。即使一个连自己名字都不会写的人，如果他能够坚持承受，勇敢面对，那他也还是有希望的。但是，即使是一个满腹经纶的人，如果在经受打击后丧失了信心，毫无斗志，那他也必败无疑。

你要记住，不论你失去什么，也不要失去你的勇气和毅力，还有你的尊严。这是你做人、做事的根本，万万不可失去。对于一个真正有勇气面对一切的人来说，失败是根本不足虑的，只是一个不太愉快的小小插曲，根本影响不了成功的结局。这些勇者的头脑里没有失败的概念。无论多么大的挫折、打击，在他们看来，都是能够克服的，只要有勇气面对，就没有迈不过的坎儿。同样接受了暴风雨的考验，有的人倒下了，不再起来；有些人倒下了，又坚强地爬了起来，而且站得更稳了。他们就像环境的主宰，没有什么力量可以打败他们。他们又像森林之王，任凭暴风雨如何冲刷，他们依旧岿然不动。

在一次龙卷风席卷过后，我追寻着龙卷风路线一路走过，发现被龙卷风摧毁的树都是一些老、幼、病、残的树，而那些高大、结实的树大多平安无事。同样道理，在巨大的打击面前，也只有那些勇敢、坚强、不屈不挠的人能够经受得住考验，而那些意志薄弱、缺乏再战勇气的人却倒下了。

"失败是成功之人需要迈出的第一步。"这是温德尔·菲利普斯总结出的成功警言。许多人就是成功地迈出了这一步，才最终走向成功的。失败可以说是成功的良性刺激，每一次失败可以使一个勇者更加坚强，更加无惧。或许正是失败才更加剧了他对成功的渴望，不甘于失败，不甘于示弱，振作精神，重新上路。或许困顿的生活环境、意外的财产损失、一次遭人诬陷正是激发他振作的因素。

有些年轻人平时待人做事表现很一般，并没看出有什么非凡之处。但在遭到一些重大变故或在巨大不幸面前，却表现出了强大自信和坚强毅力以及超凡抗挫折能力，这不单使别人大吃一惊，甚至他们自己也感到有些不可思议。要知道，这是在先前安逸环境中不可能表现出来的，正是灾难、挫折、打击激发了深藏他内心的潜力和才能。

在我们体内蕴藏着一股强大的潜能，是我们平时无法看到和领会的。因为它不是存在于我们的普通感官中，而是被深藏在体内。只有在我们面临危机时，这种深藏的潜力才会爆发出来，救我们于危难之中。

潜能的爆发使我们成为一个坚不可摧的英雄。在那些勇敢无惧、永不服输、深信自己的人面前，失败是微不足道的。在一个跌倒了再爬起来，而且跌倒一次爬起一次，一次比一次站得更稳的人面前，失败也会望而却步的。

多少次困难降临到我们身上，起初时我们感到恐惧、感到无助，我们在寻找机会逃避，但在我们避无可避、逃无可逃之际，深藏在我们内心的雄心被激起，我们重振精神，鼓起勇气，勇敢面对现实，在我们的奋勇搏击下，困难终于悄然退去了。

第四章
放飞梦想付诸行动

我绝不把今天的事情留给明天，因为我已深知明天是永远不会来临的。现在就付诸行动吧！即使我的行动不会带来快乐与成功，但只要我已行动过，就足以把那些坐以待毙者比下去。行动也许不会结出快乐的果实，但没有行动，所有的果实都得不到收获。

我现在就付诸行动。

立刻行动！立刻行动！立刻行动！从今往后，我要一遍又一遍、每时每刻默诵这句话，直到成为习惯，好比呼吸一般，好比眨眼一样，成为本能。有了这句话，我就能调整自己的情绪，迎接失败者避而远之的每一次挑战。

我现在就付诸行动。

展开第四张羊皮卷

我的幻想毫无价值，我的计划将石沉大海，我的目标将不会达到。一切都只是白日做梦——除非我们付诸行动。

我现在就付诸行动。

一张地图，不论多么详尽，比例多么精确，它永远都不可能带着它的主人在地面上行走半步。一个国家的法律，不论多么公正、严明，永远都不可能防止罪恶的发生。任何宝典，即使我手中的羊皮卷，也永远不可能创造财富。唯有行动才能使地图、法律、宝典、梦想、计划、目标具有实在意义。行动，像食物和水一样，它滋润着我，使我成功。

我现在就付诸行动。

拖延使我裹足不前，我知道，它来自心灵深处的恐惧。了解到这一秘密，必须毫不犹豫，立刻行动！只有如此，心中的慌乱才可以得到平定。现在我知道，行动会使猛狮般的恐惧减缓为蚂蚁般的平静。

我现在就付诸行动。

此刻，我要牢记萤火虫的启迪：只有在振翅的时候才能发出光芒。我要成为一只萤火虫，即使在艳阳高照的白天，我也要发出光芒。别像蝴蝶一样，舞动翅膀，靠花朵的施舍生活；我要做萤火虫，照亮大地。

我现在就付诸行动。

我绝不把今天的事情留给明天，因为我已深知明天是永远不会来临的。现在就付诸行动吧！即使我的行动不会带来快乐与成功，但只要我已行动过，就足以把那些坐以待毙者比下去。行动也许不会结出快乐的果实，但没有行动，所有的果实都得不到收获。

我现在就付诸行动。

立刻行动！立刻行动！立刻行动！从今往后，我要一遍又一遍、每时每刻默诵这句话，直到成为习惯，好比呼吸一般，好比眨眼一样，成为本能。有了这句话，我就能调整自己的情绪，迎接失败者避而远之的每一次挑战。

我现在就付诸行动。

我一遍又一遍地重复这句话。清晨醒来时，失败者流连于床榻；我却要想到这句话，然后开始行动。

我现在就付诸行动。

外出推销时，失败者还在考虑是否会遭到拒绝的时候；我要想到这句话，面对第一个来临的顾客。

我现在就付诸行动。

面对紧闭的大门时，失败者怀着恐惧与惶惑的心情，在门外等候；我却想到这句话，随即上前敲门。

我现在就付诸行动。

面对诱惑时，我想到这句话，远离罪恶。

我现在就付诸行动。

只有行动，才能决定我在商场上的价值。若要使我的价值加倍，我必须加倍努力。我要前往失败者惧怕的地方，当失败者休息的时候，我要继续工作。当失败者沉默的时候，我开口推销，我要拜访十户可能买我东西的人家，而失败者在一番周详的计划之后，却只拜访一家。在失败者认为太晚时，我能够骄傲地说大功告成。

我现在就付诸行动。

现在是我的所有。明天是为懒汉保留的工作日，我并不懒惰。明天是弃恶从善的日子，我并不邪恶。明天是弱者变强者的日子，我并不软弱。明天是失败者借口成功的日子，我并不是失败者。

我现在就付诸行动。

我是雄狮，我是苍鹰，饥即食，渴即饮。除非行动，否则就此灭亡。

我渴望成功，快乐，心灵的平静。除非行动，否则我将在失败、不幸、夜不成眠的日子中奄奄一息。

我向自己发布命令，并且必须服从自己的命令。

成功不是等待。如果我迟疑，她就会投入别人的怀抱，永远弃我而去。

我现在就付诸行动。

我的梦中城市，它是沉默的、清冷的、静穆的。

学会创造性地思考

创造性思考的方法

从我的成功学来看，成功之路是以正确的思想方法为其必然的基础的。你若要走向成功，就不得不培养正确的思想方法。埃玛·盖茨博士之所以能够把这个世界变成一个理想的生活空间，全依赖他创造性地思考。

盖茨博士是美国的大教育家、哲学家、心理学家、科学家和发明家，他一生中在各种艺术和科学上有不少的发明。盖茨博士的个人经历，证明了锻炼脑力和体力的方法能够使身体和心智更加健康和聪明。

我曾带着介绍信前往盖茨博士的实验室去见他。当我到达时，盖茨博士的秘书告诉我："很抱歉，这个时候你不能打扰盖茨博士。"

于是我问："要过多久才能见到他呢？"

秘书回答："我不知道，也许要3小时。"

我继续问："请你告诉我为何不能打扰他，好吗？"

秘书迟疑了一下，然后说："他正在静坐冥想。"

我忍不住问："那要等多久呢？"

秘书笑了一下说："我真的不知道要多久，倘若你愿意等，我们很欢迎；倘若你想以后再来，我可以帮你约一个时间。"

我决定等待。这个决定真值得。当盖茨博士最后走进房间里时，他的秘书给我做了介绍。我开玩笑地把他秘书说的话告诉他之后，他高兴地说："你不想看看我静坐冥想的地方，并且了解我是如何做的吗？"于是他领我到了一个隔音的房间去。这个房间里唯一的家具是一张破旧的桌子和一把椅子，桌子上放着几本白纸簿、几支铅笔，以及一个能够开关电灯的按钮。

在我们的谈话中，盖茨博士说，每当他遇到困难而百思不解时，就走到这个房间来，关上房门坐下，熄灭灯光，集中精力进入沉思的集中精神状态。

他就这样运用集中注意力的方法，要求自己的潜意识给他一个解答，不管什么都可以。有时候，灵感好像迟迟不来；有时候灵感似乎一下子就涌进他的脑海；更有些时候，至少得花上两小时甚至更长时间灵感才出现。等到念头开始澄明、清晰起来，他就立即开灯把它记下。

埃玛·盖茨博士曾经把别的发明家努力钻研却失败的发明重新研究，从而获得了200多项专利权。他的成功秘诀就在于能够加上那些欠缺的部分，就是另外的一点东西。为了寻找另外一点，盖茨博士特别安排时间来集中心神思索。对于这个"另外一点"，他很清楚自己要什么，并马上采取行动。因而他获得了成功。

由此看来，正确的思考方法具有巨大的威力。那么如何才能养成正确的思考方法呢？成功学告诉你：

1. 你必须培养注意重点的习惯。

2. 要看清事实。

3. 尊重真理。

4. 正确评价自己和他人。

5. 要善于投资。

6. 要有建设性的思想。

下面为你详细说明：

培养注意重点的习惯

这一思想方法需要两方面的基础：一是必须把事实和纯粹的资料分开；二是必须把事实分成两种，即重要的和不重要的，或是，有关系的和没有关系的。在达到你的主要目标的过程中，你所能使用的一切事实都是有密切关系的；那些无关紧要的事实，则不需要使用。某些人因为疏忽而造成了这种现象：机会与能力相差无几的人所做出的成就却有很大不同。

你可能因此猜测这其中的原因。只要你勤于去寻找、研究，就能够发现，那些成就大的人都已经培养出一种习惯，即把影响到他们工作的重要事实全部综合起来加以使用。

如此一来，他们就比一般人工作得更为轻松愉快。因为他们已经掌握了这个秘诀，知道怎样从一些烦琐的事实中抽出重要的事实。因此，他们也等于为自己的杠杆找到了一个支点，只要用小指头轻轻一拨，就可以轻松地完成那些沉重的工作。

一个人若能养成把注意力挪到重要事实的习惯，并根据这些重要事实来建造他的成功殿堂，那他就已经为自己获得了一种强大的力量，就像一下子能够击出10吨力量的大铁锤，而不是小铁锤。

为了让你能够了解分辨事实与纯粹资料的重要性，我建议你去研究那些听到什么就做什么的人。这种人很容易受到语言的影响，这种人对于他们在报上所看到的所有消息全盘接受，而不会加以分析，他们对其他人的判断，则是根据一些简短的评语来加以判断并做出决定。

你最好从你相识的朋友当中找出这样一个人，在讨论这一主题期间，把他当作是你的一个例子。注意，这种人一开口说话时，通常都是如此说，"我从报上看到"，或者是"他们说"。

思想方法正确的人都知道，报纸的报道并不是全部正确的。"他们说"的与报纸上的内容通常都是错误的消息多过正确的消息。如果你尚未超越"我从报上看到"和"他们说"的层次，那么，你必须十分努力，才能成为一个思想方法正确的人。在与朋友闲谈中或在新闻报道中，都蕴藏了很多真理，然而，思想方法正确的人并不会把他所看到的或是所听到的全部接受下来。

要看清事实

只有看清事实，才能在法律领域使你有正确的思想方法。我们都知道有一种法律被称之为"证据法"，制定这项法律的目的就是取得事实。

只要能根据事实来做判决，那么法官都能把案子判决得很公平；如果不按事实来判决，就会冤枉很多无辜的人。

"证据法"根据它所使用的对象与环境而有所不同。在缺乏所知道的事实时，倘若你能够假设，在你眼前的证据中，只有那些不但能增进你自己的利益，而且又不会对其他人造成损害的证据，才是以事实为基础的证据。

若想做到正确地判断，你就必须以事实为依据。但是目前的状况是，有不少人错误地把事情的利害关系当作事实来作为衡量事实的唯一标准。他们愿意做一件事，或是不愿意做一件事，唯一的理由是能否满足自己的利益，而未曾考虑到是不是会妨碍到其他人的权益。

无论这种做法多么令人感到遗憾，这都是事实。今天大部分人的想法，是以利害关系为唯一的基础的。

当事情对他们有利时，他们表现得很"诚实"，然而，当事情对他们不利时，他们就会不诚实，并且还会为他们的不诚实找到无数的理由。

思想方法正确的人确定了一套标准来指引自己的行动。他随时遵从这套标准，无论这套标准能不能立即为他带来利益，或是偶尔还会带给他不利的情况。只要他坚持到最后，这套标准终将使他达到成功的最高峰，让他最后达到生命中的明确而主要的目标。

对此，哲学家及国际法学家格劳秀斯是这样说的："人类的事物都是在一个轮子上旋转，因为这种特殊的设计，所以没有任何人能够永远保持幸福。"所以，你最好在心理上做个准备。使自己了解要想成为一个成功的人，必须具备顽强坚定的性格。

正确的思想方法，有时会受到某种力量的暂时惩罚。然而同样地，因为思想方法正确将获得补偿性报酬。整体来说，你将会很乐意地接受这种惩罚。

在追求事实的过程中，你经常需要借鉴他人的知识与经验。用正确的思想、方法、途径搜集事实之后，必须很谨慎地检查它所提供的证据，以及提供证据的人。

而当证据的真实性影响到提供证据的证人的利益时，我们有理由更加详细地审查这些证据。因为，和他们所提出的证据有关系的证人，往往会向诱惑屈服，从而对证据予以掩饰或改造，以保护这项利益。

唯有真理才永垂不朽

在你成为一个思想方法正确的人之前，你首先必须知道，不管在何种行业，当你担任领导职务时，都有一些反对者散布"谣言"，传闲话，对你展开攻击。无论一个人的品行多么好，也不管他对这个世界有多么杰出的贡献，都无法逃避这些人的攻击。因为这些人喜欢破坏而不喜欢建设。

林肯总统的政敌散布谣言，说他和一名女黑人同居。美国第一任总统华盛顿的政敌也散布了类似的谣言。因为林肯和华盛顿都是南方人，所以制造这些谣言的人也就认为他们制造这些谣言是具有很强杀伤力的。当威尔逊总统从巴黎回到美国时，他带回了终止战争及解决国际纠纷的最有效的计划。除极少数人支持外，大多数人受到"道听途说"的报道的影响，全都认为他是暴君尼禄与出卖朋友的犹大的综合体。威尔逊就这样被那些恶毒的谣言所"杀害"了。而林肯总统的遭遇更惨，他是被一名狂热分子开枪打死的。

在世界文明的历史上，有关政治家的各种各样的谣言是非常多的。思想方法正确者必须防范那些闲言碎语的攻击。不仅仅是在政界，在商界也同样如此。一个人只要开始在商界扬名，这些闲言碎语立马就会开始出现。

一日，某人做的捕鼠器比他的邻居做得要好，那么，全世界的人都会涌到他家门口向他道贺。但是，在这些前来道贺的人当中，有一些人并不是真来道贺的，而是前来谴责并破坏他的名声的。

至于威尔逊和哈定，我们只要看看林肯和华盛顿已经永垂不朽，就可以知道后人将怎样评价他们了。

因此，成功学告诉你，只有真理与事实能够永垂不朽，其余的都经不起时间的考验。

正确评价他人和自己

我认为，作为一个思想方法正确的人，利用不同的事实是你的权利，也是你的责任。许多人失败，其放弃的原因，主要是出于他的偏执与怨恨，让他低估了他在竞争中的优势。

一位思想方法正确的人必须有点像一名优秀运动员，必须很公正（至少对自己是这样）。他必须能够找出其他人的优点与缺点，因为所有的人都是同时具有各种相异的优点与缺点的。

"我相信我可以欺骗他人"，我始终把这句话当作我的座右铭。

洛克菲勒尤其突出的长处是，他坚持拿事实作为他的商业哲学的基础，并且只习惯于同和他终生事业有确实关系的事实打交道。有些人认为，洛克菲勒有时对待他的竞争者并不公平。这种说法可能是有道理的，也可能不是。身为思想方法正确的人，我们不愿对这一点争执不休。

然而，从来没有人，甚至连他的竞争者都没有指责过洛克菲勒对他的对手的实力"轻易判断"或"估计过低"。他不但能一眼看出和他的事业有密切关系的事实，而且不管何时何地，只要对手一出现，他就能一眼看出来。

他还会主动去寻找他们，一直到把他们找出来为止。这时，他在工作时将会产生自信心，这将让他不会踌躇或是等待。他知道，他的努力将会带来什么结果。

所以，他的工作效率比其他人高，成就也将胜过其他人；其他人则必须摸索前进，因为他无法确定自己所从事的工作是不是合乎事实。

拥有建设性的思想

只要有正确的思想办法，附加积极进取的精神，就能使人获得伟大成就。与此相反，消极的、破坏性的心态则将毁掉你一切成功的可能性，若继续下去，它最后终将破坏你的健康。

据统计，在所有病人中，将近75%的病人患有忧郁症。这是一种不正常的心态，会引起有损自己健康的烦恼。换句话来说，忧郁症患者就是一个人相信他自己正患上某种想象中的疾病。通常这些可怜的人都确信他们听到过的每一种疾病全都染上了。

忧郁症是所有不正常疾病的开端。下面是我讲到的一件事，不仅有趣，还很有意义。

波特的妻子得了肺炎，当我赶到他家中时，他见到我的第一句话就是："倘若我妻子死了，我将怀疑上帝的存在。"

她请我来，是因为医生已经对她说她活不了。她把大夫和两个儿子叫到床边，向他们道别。然后，她请求把她的教区牧师找来。我赶到她家里后，发现丈夫在前厅哭泣，两个儿子则在竭尽全力安慰他。

我走进她房间时，她已经呼吸困难，护士告诉我，她的情绪非常低落。我很快就知道，这位太太请我过来，原来是要拜托我在她死后，照顾她的两个儿子。

这时候，我对她说："只要你不放弃，你不会死的。你一直都是一位强壮而健康的妇人，我不相信上帝会要你去死，而把你的儿子托付给我或其他人。"

我这样跟她谈了很久，并为她做了一次祈祷，祈祷她早日康复，而不是进入天国。我告诉她，要对自己有信心，以全部的意志及力量来对抗每一种死亡。后来，我离开了她家。

临行前，我说："教堂礼拜结束后，我会再来看你，到时候，我将会发现，你比现在好了很多。"

那天下午，我又去拜访她。她的丈夫面带微笑迎接我。他高兴地对我说，我早上离开之后，他的太太就把他和儿子们叫进房里，说道："希尔博士说我会活着，我将会康复，我现在真的感觉好多了。"

她真的康复了。这得益于她对自己活下去充满信心。当然，我们必须悲哀地承认，目前有些病例是无法治愈的。但有时候，像这个病例，倘若意志运用得当，将能够得救，只要一息尚存，就有一些希望，人类意志所能产生的力量是惊人的。

这里还有一个例子，说明引起忧郁症的原因既可能是肉体上的，也可能是精神上的。医生菲大夫曾经描述过一个妇人患有肿瘤的情形：

他们把她放在手术台上，施以麻醉。奇怪的是，她的肿瘤马上不见了，再也用不着进行手术了。但当她清醒后，那个肿瘤又回来了。

医生们这时才发现，她一直和一位真正患有肿瘤的亲戚住在一起，她的想象力非常丰富，所以想象她自己也患了肿瘤。

她被再度放到手术台上，施以麻醉。当她苏醒后，医生告诉她，已经对她做了一次成功的手术，然而她必须继续绑几天绷带。她相信了医生们的话，当绷带最后被拿下来时，那个肿瘤并未出现，而实际上手术并未实施。她只是从潜意识中除去了她患有肿瘤的想法。同时，因为她其实并未真正得过肿瘤，所以她就可以维持正常生活了。

当你的意识脆弱时，就会造成身体疾病。在这种时候，你需要一个顽强的意识来指示，尤其是让自己产生信心。每个人都应该去阅读有关人类意识能力的一些书籍，并学习人类意识如何能够发挥惊人的功能，使人们保持健康及快乐。消极意识会产生极为可怕的影响，甚至迫使他们发疯。

现在正是你去发掘人类意识所能从事的善事的时候。因为人类意识不仅能够治疗心理失常，还能治疗肉体疾病。

善于自我投资

在这里将介绍两种不错的"自我投资"的方式，它将会给你带来非常优厚的报酬。

一个是投资教育。真正的教育被视为最有利的投资，那么什么才是"真正的教育"呢？有人以为教育就只是学校内的教育，或文凭、证书、学位。然而，仅拥有这些并不说明你就可以成为一个成功人士。

通用电器公司的董事长柯丁纳曾经说起高级主管对于教育的看法。他说："公司里最杰出的两个总经理，威尔森先生和梧夫索先生，从来没念过大学。目前高级主管中尽管有人得了博士学位，但在41个高级主管中，仍有12人没有大学文凭。因为我们重视的是他们的能力，而不是文凭。"

要知道，当今是一个重视能力而不是重视文凭的社会。文凭对你找工作或许有些帮助，但你只有文凭而没有真才实学的话，那么在工作中是不会有什么成就的。

教育只是一个人大脑中存储资料的数量而已，这种死板的记忆不利于你得到一直向往的东西。因为储藏资料的仪器设备越来越多，如果你只是做些连机器就能做到的事，那么你马上就会被淘汰的。

成功学认为，任何足以改善思考能力的事情都是教育。一个人所受教育的好坏，是以他对思考的有效运用程度来衡量的。真正的教育是值得我们去投资的那种教育，它能够发挥我们的智慧。

你可以用不同的方式来获得自己所需要的教育。然而对于大多数人而言，接受教育的最佳场所，就是各种大学与专科学校，因为教育本来就是这些学校的作用与专长。

假如你还没念过大学，你很可能急着挤进去就读。在大学中不难发现一些人，他们不是冲着文凭而来的，而是为了学真知识，这其中包括一些中坚分子。

我在夜间部所教的一个班的25人中，有一个学生是12家连锁商店的老板，有两个是全国食物联盟的采购员，有四个工程师，有一个空军上校，以及几个身份地位非常高的人。如今仍然有不少人去夜校不断地学习，以提高个人的综合素质。

他们花了许多金钱、时间和精力来读书，是为了进一步锻炼自己的头脑，对他们的将来，这是一种最扎实、最可靠的投资。

教育本身是非常合算的投资，你只要投资75～100美元，全年就能够在每周的一个晚上到学校上课。把这个费用跟你的收入相比，这个比例很小。然后问自己："我的将来不止这么一点吧？"

教育能够帮你训练你的头脑，以便让你适应瞬息万变的情况，并解决各式各样的难题。为了美好的前途，你要不断地去学校"充电"，这样才会让你更积极、更年轻、更活泼地跟上时代的步伐，不会落后于别人。

另外还有一个，就是在有意义的书刊方面投资。有意义的书刊也有类似的效果。因为这些书刊能够充实你的心灵，带来许多值得仔细思考的建设性思想。

尽量地从别人的身上去挖掘对自己有用的东西，并对自己的将来要有一种投资的意识且付诸行动。

远见是思考的产物

妨碍你的几个要素

远见是靠后天培养出来的，并不是与生俱来的，不是你生下来就具备看到机会和光明未来的能力。下面有五种情形制约着你的远见的发展，了解这些，对于培养你的远见会有所帮助。

第一，过去的经历可以限制你的远见。

过去的经历往往更能限制一个人的远见，倘若你的过去特别困难、失败的话，那你就要加倍努力，才能看到光明的曙光。从大自然中可以找到一个非常不错的例子，来说明过去是如何影响一个人的。

在马戏团里，你可能看到一些小昆虫能跳得很高，但每个小昆虫都有自己的一个无形的最高限度，你们知道这些昆虫为什么会限制自己跳的高度吗？

开始受训练时，跳蚤被放在一个有一定高度的玻璃罩下。这些跳蚤试图跳出去，但撞在玻璃罩上。这样跳了几下之后，它们就不再尝试跳出去了。就算拿走玻璃罩，它们也不会跳出去，因为以前的经验使跳蚤懂得，它们是跳不出去的。

这些跳蚤成了自我限制的牺牲品。人也会这样，一旦认定自己不能成功，就局限了自己的远见。要开动脑筋，要敢于有伟大的理想，试一试你的最大能力。不要限制你自己的潜能。

第二，压力有时也会限制你的远见。

有个故事说的是父子俩赶着驴子去集市买食品。开始父亲骑驴，儿子走路。路人看见他们经过就说："真狠心呀！一个强壮的汉子坐在驴背上，那可怜的小孩子却要步行。"

因此父亲下来，儿子上去。可是人们又说："真不孝顺呀！父亲走路，儿子骑驴。"

因此父子俩一齐骑上去。这时路人又说："真残忍呀！两个人骑在那可怜的驴背上。"

因此两人都下来走路。路人说："真愚蠢呀！这两个人步行，那头壮实的驴子却没有东西驮。"

　　他们最后到达集市时整整迟到了一天。令人吃惊的是，他们父子俩一起抬着那头驴来到了集市！

　　你有的时候也会像这父子俩一样，因过分担心而失去自己的方向和目标的追求。成功学认为，别人的批评能占据我们的头脑，让我们无法有远见。

　　第三，种种不利因素能限制你的远见。

　　无论有什么不利的因素、逆境和障碍，你都要敢于梦想。历史上有很多杰出的人，在面对种种困难时，始终坚持自己的梦想，为之努力，最后取得了成功。古希腊最伟大的演说家德谟克利特就有口吃的毛病，他第一次发表演说时，被听众的哄笑声轰下了台。然而他预见到自己能成为伟大的演说家。据说，他经常把鹅卵石放进嘴里，在海边对着浪花演说。

　　通过自身的不懈努力而实现了理想的例子还有很多。拿破仑出身低微，且个子矮小，然而最终当上了皇帝；贝多芬聋了以后还创作交响乐，他把自己对音乐的理想变成了现实；狄更斯受理想鼓舞，而成了英国维多利亚时代最伟大的小说家——虽然他是个瘸子，一生贫困。

　　每个人都可能遇到种种困难。有些是不可避免的，也有的是我们自己造成的。不管怎样，你都不要被这些困难打倒，应该始终坚持你的远见。

　　第四，缺乏洞察力会限制你的远见。

　　远见能使人在巨大画卷中想象到当前的情景与将来的前景。观察力对于远见也是至关重要的。你听说过英国《泰晤士报》董事长兼主编诺斯克利夫勋爵的故事吗？

　　诺斯克利夫勋爵曾遭遇到双眼将会完全失明的威胁，然而当眼科专家给他检查时，却没有发现一点儿问题。在弄清楚他的工作方式之后，专家要求他必须改变一下视角，多看远处的物体。

　　诺斯克利夫听了专家的建议，于是他放下工作，独自到乡下活动一下。在那里能够看到广阔的大自然，没过多久，他的视力就得到矫正了。

　　缺乏观察力对一个人是十分有害的。

　　在19世纪，美国专利局里有人建议关闭专利局，因为他觉得不会再有人能发明什么有价值的东西了。想一想自1900年以来的科技进步，你就会明白，那样一个建议，真是令人难以置信。倘若你的洞察力不行，请试试换一个角度看问题。

　　你不妨研究一下历史，研究其他民族的文化。接着，在分析当前的事物时留意将来。就像弗兰克·盖思所说："只有看到别人看不到的事物的人，才能做到别人不能做到的事情。"

　　第五，当前的地位也能限制你的远见。

　　奥利弗·温德尔·霍姆斯说："人生在世，最紧要的不是我们所处的位置，而是我们活动的方向。"

　　何时、何地、用何种方式开始你的一生，这是无法选择的。人天生就处于一种身不由己的环境中。随着年岁的增长，你的选择就越来越多。你可以选择在哪里居住，跟谁结婚，干什么工作。你可以选择人生的方向。往往年纪越大的人，他的选择就会越多。在每次做出选择之前，应该为自己的处境负责。

　　许多人并不那么想，他们的命运一直被目前的处境决定着，甚至被环境所屈服，使他们别无选择。

几百年前，这种观点也许没错，现在就不对了。假如你有要做成一件事的强烈愿望，并乐意为之付出代价的话，差不多所有事情都是可能成功的。无论你目前的地位多么卑微，都别让它剥夺了你的远见。

一个人一定要有伟大的梦想，没有梦想的人是难以取得成功的。

使你的梦想成为现实

第一步是相信自己的生活会变得更好。若想让自己的理想能够实现，那就要与你自身的能力结合起来，这样才能实现你的目标。有远见但不能把它变成现实的人，只能是个空想家。

成功学表明了实现你理想的指导原则，下面便是几个十分关键的指导原则：

第一，你首先应该明确你的目标，然后为这个目标去不懈努力，一点点去实现。

你想成功，你就必须有所梦想，并且要努力地去实现你的梦想；假若你没有抱负，就对生活没有了冲劲。远见必须以你的才能、梦想、希望与激情为基础。远见是个不可思议的东西，它还会对别人产生积极的影响——尤其是当一个人的远见与他的命运（特别是他存在的目的）不谋而合时。

第二，充实你的每一天。

若想获得成功，并不是轻而易举的事。这是个积累的过程，使自己每天都有所收获，就像旅程一样。你决定去旅行之后，首先要做的事情之一，就是决定出发点；倘若没有这个出发点，就不可能规划出旅行路线和目的地。考察当前生活的另一个目的是规划行程，并估算此行的费用。

总而言之，你想梦想变为现实，就要付诸行动。

第三，学会放弃。

所有梦想的实现都是有代价的。为了实现你的梦想，就必须做出牺牲，其中一个涉及你的其他的选择。你不可能一面追求你的梦想，一面保留着别的选择。

美国文化很强调选择的自由，整个自由市场体制都是建立在这个基础上的。美国人不太愿意放弃任何东西。

多种选择不是坏事，能够为你提供更多的机会。但对于想取得成功的人，有时却必须放弃种种选择来交换那个唯一的梦想。

人生会面对很多次选择，面临几种前进道路的选择。他可以选择一条能通往目的地的路，也可以哪一条都不走，可是这样他就永远达不到目的地。

规划好自己成长的道路，选择一个适合自身的发展道路，并沿着这条道路一直走下去。以为自己能够从生活的一个阶段向另一个阶段进步而不用改变自己，是在自欺欺人。人生的所有积极转变必定需要个人成长，因为个人成长是实现远见的必经之路。

试问一下自己，为了实现梦想，我们该怎样去做，接着确定要成为你想做的那种人，你需要学习些什么。

第四，你应该多与成功人士接触。

个人成长的过程包括与人接触。学习怎样成功的最佳方法是与成功人士接触。观察他们，向他们请教，慢慢地，你会开始跟他们一样看问题。

第五，相信自己，勉励自己。

实现梦想要求你不间断地努力，并发挥出最大的冲劲。加强韧性与冲劲的方法之一，是持续地增强你对自己梦想的信心。用语言向别人讲，同时默默地对自己讲。保持一种积极的充满信心的正确状态。

第六，要预料到会有人反对你的梦想。

不论你遇到任何挫折或是别人对你的冷嘲热讽，你始终都要以一种良好的心态面对那些人和事。那些没有梦想的人可能会对你说，梦想和现实是不一样的，还是现实些，梦想是不可能实现的，你的梦想一文不值。或者就算他们明白它的价值，他们也会说，尽管这是可以实现的，然而不是由你来实现的。碰到别人不支持时，你不必惊慌，而应有思想准备。

积极的心态对你的成功非常重要。

第七，你不能把有消极心态的人当作自己的密友。

对那些一直对你冷嘲热讽的人，可以不用理会。善意和热情地对待你接触到的所有人，即使是消极的人，但不能与他们深交。不然，这些人会不停地向你灌输他们的疑虑与消极观点，你逐渐也会那样思考的。

第八，人应该尽可能地寻找实现理想的每条途径。

为了实现理想，你必须不断地寻找一切对你有帮助的东西。若一个人想成功就必须敢于尝试新事物，善于从别人身上吸取对自己有用的东西。多思考，当然心态尤为重要。实现理想必须有创新精神。一旦你对新观念关上大门，就不可能有创新精神了。

以上这些方法只能给你一些参考，关键还是靠你的努力，而且你要比常人付出几倍甚至几十倍的努力，才能实现你的理想。

多放飞你的想象

　　每个人都应该有一些想象力，倘若缺乏想象力，工作与生活就会失去色彩。那么，想象力又是什么呢？想象力就是一个人的灵魂的创造力，是每个人的财富，是一个人在这个世界上唯一能够自己绝对控制的东西。

一切从想象开始

　　你将会发现，一切都是首先从你的想象开始的。

　　在加州海岸的一个城市中，一切适合建筑的土地都已被开发出来，并予以利用。城市的另一边是一些陡峭的小山，无法作为建筑用地。而另外一边的土地也不适合盖房子，由于地势不够高，每天海水涨潮时，那里总会被淹没一次。

　　一位具有想象力的人来到了这座城市。往往具有敏锐的观察力的人，想象力都比较丰富，这个人也一样。在到达的第一天，他马上看出了这些土地赚钱的可能性。

　　他于是把那些地势不好的山坡地买了下来，并且预购了那些每天都要被海水淹没一次而无法使用的低地。因为这些土地的地势不好，所以他以很低的价格就预购了这块地。

　　他用了几吨炸药，把那些陡峭的小山炸成松土。再利用几台推土机把泥土推平，原来的山坡地就成了很不错的建筑用地。另外，他又雇用了一些汽车，把多余的泥土倒在那些低地上，使其比水平面的高度还高。经过他的一番处理之后，原先那些陡峭的小山坡现在变成了非常好的建筑用地。

他赚了很多钱。是如何赚来的呢？他仅仅是将没有用的泥土和想象力综合在了一起。

那个小城市的居民把这人看作天才，他确实也是天才。任何人只要能像这个人一样成功地运用他的想象力，那么，他也同样能够成为一位天才。想象力就是一笔财富，是你在这个世界上能够绝对控制的东西。

一天早晨，钢铁大王斯威伯的私人汽车刚在他的贝泰钢铁工厂的停车场上停下来，他还没来得及从车上下来，一名年轻的速记员就马上迎上前去。这个速记员说明了原因：如果斯威伯先生有任何信件或电报要写，他能够马上提供服务。

没有任何人吩咐这位年轻人一定要在场，但他有足够的想象力，让他能够看出，他这样做对自己的前途只有好处。从那一天起，斯威伯先生就看中了这位年轻人，之所以这位年轻人能被斯威伯先生看中，那就是他敢于去尝试。

今天，这位年轻人已是世界上规模最大的一家药品公司的总裁。

几年以前，我接到了一位年轻人的来信，他刚从商学院毕业，想到我的办公室工作。我深知一个好的机会对一个刚刚从学校毕业的年轻人尤为重要。他在信中夹了一张崭新的从未折叠过的10元新钞。这封信是如此写的：

　　……我刚从哈佛商学院毕业，希望能进入你的公司工作。随函附上的10元钞票，足以补偿你给我下达第一周工作指示所花的时间，我希望你能收下这张钞票。在第一个月

里，我愿意免费为你工作。然后，你能够根据我的表现，而
决定我的薪水。我希望能获得这份工作，渴望的程度超过我
一生中对任何事情的热望。为了获得这份工作，我愿意做一
切合理的牺牲。

这位年轻人终于如愿以偿了。他的想象力让他获得了他所渴望得
到的机会。在他工作的第一个月即将届满时，一家人寿保险公司的总
裁知道了这件事，马上请这位年轻人去当他的私人秘书，薪水非常不
错。今天，他已是世界上最大一家人寿保险公司的重要干部。

想象力能使你创造奇迹

正确地发挥出你的想象力，你就会有意外的收获。一个有想象力
的人，可以把失败和错误变成价值连城的资产，也可以在不经意间给
你带来幸运的机会。

美国最好的一位雕刻师，过去是位邮差。有一天，他搭上一辆电
车，不幸发生车祸，让他的一条腿因此被切掉。电车公司付给他300
美元，来赔偿他的损失。他拿了这笔钱去上学，最后成为一名雕刻
师。他的产品个个都凝聚了他的丰富的想象力，并且很受欢迎，收入
比当邮差可观得多。是雕刻中的想象力给他带来幸运的财富。

想象让我们获得技巧、成功和幸福，想象开拓了一条崭新的途
径。倘若我们正想象自己以某种方式行事，差不多也就是实际上在这
么干了；想象给我们提供的实践能够促使这种行为臻于完美。通过一
个人的实验，心理学家证明：让一个人每天坐在靶子前面想象着他对
靶子投镖。经过一段时间后，这种心理练习几乎和实际投镖练习一样
能提高准确性。

《美国研究季刊》曾报道过一项实验，证明了想象对投篮技巧的影响。

第一组学生在20天内每天练习实际投篮，把第一天和最后一天的成绩记录下来。

第二组学生也记录下第一天和最后一天的成绩，但在此期间不做任何练习。

第三组学生记录下第一天的成绩，然后每天花20分钟做想象中的投篮。若投篮不中时，他们便在想象中做出相应的纠正。

实验结果：

第一组每天实际练习20分钟，进球增加了24%。

第二组因为没有练习，也就毫无进步。

第三组每天想象练习投篮20分钟，进球增加40%。

查理·帕罗思在《每年如何推销两万五》一书中说，一些推销员利用一种新方法让推销额增加了11%，纽约的另外一些推销员增加了150%，其他一些推销员使用同样的方法让他们的推销额增加了400%。推销员就是通过不断地扮演，来使销售额不断增加的。

其具体做法是：想象自己处于不同的销售场合，然后再找出方法，直到在出现各种实际销售情况时清楚自己应当注意说些什么、该做些什么为止。

由此，他们取得好的业绩也就很正常了。他们越来越善于处理各种复杂的情况。一些卓有成效的推销员，通过想象力，并结合自己实际的操作，取得了很高的工作业绩。他们还得出以下深刻的体会：

当你每次和客户沟通时，客户每说的一句话，一个问题或对你的批评，都是一个特定的场合。你要学会妥善处理好客户所提出的一切问题。

要想成为一个成功的推销员，你就要经常一个人制造一些客户刁难的情景，并想出相应的对策。"无论在什么情况下，你都能够预先有所准备：你想象自己和顾客面对面地站着，他提出反对意见，给你出各种难题，而你却能迅速而圆满地加以解决。"

一直以来，不少成功者都曾自觉或不自觉地运用了"正确想象"和"排练实践"来完善自我，获得成功。

韦伯和摩尔根在《充分利用人生》一书中说：

> 拿破仑在大学的时候所做的阅读笔记，满满记了500页之多。他常把自己想象成一个司令，画出科西嘉岛的地图，经过精确的数学计算后，标出他可能布防的每一种情况。在带兵横扫欧洲之前，他曾经在想象中"演习"了多年的战法。

世界旅馆业巨头康拉德·希尔顿在拥有一家旅馆之前，就想象自己在经营旅馆。当康拉德·希尔顿小的时候，就常常"扮演"旅馆经理的角色。

亨利·凯瑟尔说过，想象真是妙不可言，能预示成就！

"想象力"和"魔力"常被人们联系在一块儿，两者密不可分。在成功学中，"想象力"确实具有不能预料的魔力。

想象力并非"魔术"

科学控制论为想象力的产生给出了一个原因：我们的心理和大脑本身具有产生想象力的功能。

控制论把人的大脑、神经系统和肌肉组织看作一套高度复杂的"伺服机"，即一部自动寻求目标的机器，运用自动反馈的信息储存为手段，用这套机制指导自己通向既定的目标，并在必要时自动纠正其所指向的方法。

然而，"伺服"机制并不等于人退化为一部机器，而是指就像机器一样，人操纵着大脑和身体。人身上这套自动化的"创造性机制"只有一种运行方法，也就是它不得不有一个既定的目标。

专家指出，首先要在内心给自己定一个目标，接着才着手去完成它。当你在心里看到一个事物时，你的内在创造性机制就会自动把任务承担起来。它完成这项工作要远远胜过你有意识的努力或者意志力，我们称其为"超意志力"。

所以，你在做一件事时，不要过分地用有意识的努力或钢铁般的意志施加影响，也不要太担心，要相信自己所做的一切。你应该用愉快的心情去完成你要达到的目标。如此，心里始终想着你达到的目的，最终将让你运用积极心态。

你必须不断地努力去工作，你的努力要用来驱使你向目标前进而不是阻碍。这种心理冲突的结果是"想要"或者"尝试着"做某件事时，内心想象的却是其他事情。

想象力练习

想象力对个人来说作用如此之大，那么我们又该怎样发挥想象力呢？为此，成功学给我们指出了一条光明大道。其主要做法如下：

第一，刻意地去练习想象力，即想象的超前性练习。

在进行想象练习时，应首先练习自己的超前想象力。也就是通过科学的想象，培养自己对未来事件进行正确预见的能力。超前想象的练习办法如下：

1．你要对市场状况出现的变化进行综合分析，因为任何事物都在不断地变化，所以你要不断地去研究。

2．在预见市场将要出现的变化时，更真切地在大脑中浮现某种场景，并同时注意自己正在干什么。

3．在迈向成功过程的每一个阶段，都应依据自己所掌握的信息，加上市场状况，构思出自己将要面临的处境，在你的大脑中浮现出好的境况。

不断地加强想象力练习，对你的一生是有好处的。

一个不正确的决定总是阻碍你的成功，而一个正确的预见则能够帮助你捷足先登。

曾一度令整个欧洲疯狂的联邦德国"电脑大王"海因茨·尼克斯多夫，就是以其超前想象力先声夺人的。

海因茨在当实习员期间，一直不被领导重视，但他始终利用空闲时间搞一些研究，最后他把研究成果公之于世。

终于有一天，他的研究成果获得了莱因-斯特发伦发电厂的赏识。电厂预支了他3万马克，让他在该厂的地下室研究两台结账用的电脑。

时隔不长，他获得了成功，创造出了一种简便、成本低廉的820型小型电脑。因为当时的电脑都是庞然大物，只有大企业才用得起。所以这种小型电脑一经问世，马上引起了轰动。

当问到成功的秘诀时，他的回答是："我看到了电脑的普及化趋势，同时也看到了市场上的需求，微型电脑进入家庭有着巨大潜力。"可以说，正是这种预见性和想象力让他获得了成功，并成为巨富。

第二，预见性想象力练习。

还有一些超前意识在发挥作用，而这些往往被人忽视：

1．重视所能获得的一切信息，并进行正确的综合分析和判断，预见其商业价值。

2．对可靠的信息加以评估、分析，看是否对你的成功有价值。

3．当你确定注意到了这一征兆，就应马上着手拟订应对方案并开始实施。即善于通过大量信息，及时、科学、准确地把握机遇并加以利用，来获得经营的成功。

菲力普·亚默尔对预见性想象力的妥善运用，使他所经营的美国默尔肉食品加工厂获得了巨大收入。

有一天，菲力普为在当天的报纸上偶然看到的一条新闻而感到非常兴奋：墨西哥发现了相关瘟疫的病例。他马上联想到，倘若墨西哥真的发生了瘟疫，那么瘟疫就一定会传染到与之相邻的美国加利福尼亚州和得克萨斯州，而从这两个州又会传染到整个美国。其实，这两个州正是美国肉食品供应的主要基地。如果真的这样，美国的肉食品一定会大幅度涨价。

于是，菲力普马上派医生在墨西哥考察证实，并立即集中全部资金购买了邻近墨西哥的两个州的牛肉和生猪及时运到东部。不出所料，瘟疫不久就传到了美国西部的几个州。美国政府下令禁止这几个州的食品和牲畜外运，一时间美国市场肉类奇缺，价格马上飞涨。

菲力普在短短几个月内，净赚了900万美元。

通过这个成功的故事可以看到，对于一个成功者来说，自身具备的知识，对信息的运用和把握，尤为重要。菲力普预见了政府会下令禁止食品外运，这样必然会导致价格高涨。

在这个成功的事例中，决定因素是对信息的可靠把握而不是政府禁止食品外运。墨西哥发生瘟疫是肉类奇缺、价格高涨的前提。精明的菲力普立即派医生去墨西哥，以证实那条新闻的真实性。他确实这样去做了，因此获得900万美元的利润。

这个运用过程可概括为两个关键点：第一，报纸对墨西哥瘟疫流行的报道；第二，派医生去墨西哥证实此信息。

在商界，类似菲力普的成功案例还是很多的，这些成功事例无不表明，机遇是靠你自己去发现和把握的。如今，许多人都在埋怨自己缺少机遇。关键是你缺乏足够的想象和对事物的预见性。要不断地使自己加强想象，这样才能抓住机遇，你成功的概率也就大了许多。

运用想象力达到目标

一般来说，想象的方法包括：逻辑、批判和创造性想象。我个人认为，要是能把这三种想象综合运用起来，成功就离你不远了。

第一，"逻辑想象"与成功。

即发挥你的思维推导能力，从已知推出未知，从现在导出将来。若能在工作中发挥你的逻辑想象，将事半功倍。汉斯是个德国农民，由于他爱动脑筋，往往能花费比别人更少的力气而获得更大的收益，当地人都说他是个聪明人。

一到土豆收获季节，德国农民就十分忙碌。他们不但要把土豆从地里收回来，而且要把它运送到附近的城里去卖。为了卖个好价钱，大家都要先把土豆按个头分成大、中、小三类。如此分起来，实在太浪费劳动力了，每个人都只有起早摸黑地干，才有希望快点儿把土豆运到城里赶早上市。

而汉斯一家的做法则与众不同，他们根本不做分拣土豆的工作，而是直接把土豆装进麻袋里运走。汉斯一家"偷懒"的结果是，他家的土豆总是最早上市，因此每次他赚的钱当然比别人家的多。

原因是汉斯每次向城里送土豆时，从不走平坦公路，而是载着装土豆的麻袋跑一条颠簸不平的山路。2英里路程下来，由于车子不停地颠簸，小的土豆就落到麻袋的最底部，而大的自然留在了上面，卖时仍然是大小可以分开。由于节省了时间，汉斯的土豆上市最早，自然价钱就能卖得更好了。

农民汉斯这种巧妙利用自然条件进行逻辑想象的方法，看起来似乎很普通，却能给予我们很好的启发。倘若你具有这样的逻辑想象能力，就能够在自己的成功过程中做得更好了。

在市场营销及广告策划中，巧妙地运用逻辑想象，不仅能够产生非凡的宣传效果，拓展市场，有时还可以缓解营销者与消费者之间的矛盾，提高自己的信誉。这里有个案例，同样是运用想象力，并且更加巧妙。

一天，日本明治糕点公司在东京各大报纸同时刊出了一份"致歉声明"，大意是说，由于操作疏忽，最近一批巧克力豆中的碳酸钙含量超出了规定标准，请购买者向销货点退货，公司将统一收回处理，特表歉意。

声明刊出以后，受到了很多人的称赞和认同。其实，公司早就预见到碳酸钙多一点对人体没多大的影响，不会有多少人为此专门跑路去要求退货，然而这种兴师动众的宣传，却能够使明治公司声名鹊起，给顾客留下良好印象。这实际上就是逻辑想象力和广告策划的巧妙运用。

从此，顾客更愿意购买明治公司的商品了。

第二，"批判想象"与成功。

批判想象就是寻找某些不完善、需要改变的东西，在此基础上进行想象构思。当今是个多变的世界，总是会把原来本已完善的东西进一步完善。在这个基础上，借用批判想象，对选准项目、确定自身的市场优势、开拓更大的市场，都能产生巨大的作用。

在生活当中，当人们心中不愉快的时候就摔家里的东西来发泄心中的怨气。为此，一位法国瓷器制造商别出心裁，制造了一批供人们摔砸的瓷壶、瓷杯、瓷碗。这种器皿式样新颖、价格低廉，工厂还在广告中宣称：

不必烦恼，无须压抑怒气。夫妻吵架，乱砸器皿是缓解烦躁的最有效方法……为了家庭和睦幸福，使劲摔吧！

配上独特的广告语，必然引起了很多人的兴趣，从而让工厂生意兴隆，财源滚滚。

在实际工作中，要从综合、移植、变形、重组等方面进行批判性想象。

1. 综合，也称合作，已成为现代技术发展的一种趋向。著名的松下电视机的开发，就是在综合了全世界400多项技术的基础上发展起来的。合作还能够提高产品的市场竞争力。如将普通电话改良为无绳电话，从技术上看，是电话与收音机的合二为一，虽不是突破性的技术发明，却能够更适应市场。合作可以相互吸取各自的优点，可将各自的思想技术整合成一种较新颖的"化合物"，这种合作是成功的第一步。

2．移植。假如有其他的东西与你所要制造的东西相像，或能用来改造你的东西，不妨借用。如北京的"天源酱园"和"六必居"都是著名的酱园，然而"六必居"早于"天源"300多年，久负盛名。在此情况下，树立自己产品的优势，就成了"天源"的当务之急。

"天源"看到了不久以后大量的南方人会进入北京，为此"天源"做了一番市场调查，决定以南方风味的食品为主，生产与"六必居"完全不同风味的食品。

于是，他们根据这些预见到的想法，生产出微咸带甜、咸甜适度的南方风味酱菜投放市场。没过多久，他们生产出的酱菜风格就深受南北方人的青睐，从此"天源"在市场上与"六必居"平分秋色，形成"你北我南"之势。

3．变形。使形状、格式发生变化。如收录机的卧式与立式、拉手位置变化等，都给人一种特别的感觉，因而各自拥有相应的消费群。

4．重组。将从未结合过的物体的属性、特性结合在一起。如将坦克与船组合在一起，设计出水陆两栖坦克；将钢琴与风琴的特点组合在一起，设计出手风琴等。

第三，"创造性想象"与成功。

那些伟大的发明都是来自创造性想象，它可以使人产生全新的想法。

成就、财富，都始于意念。

有人曾问我，意念是怎样产生的呢？我解释道；"它是创造性想象力的产品。"关于创造想象力导致意念的产生，以及在心理致富中所扮演的"角色"的例证，全球家喻户晓的饮品可口可乐的产生，便很有说服力。

大约100年前，一位年老的乡村医生驾着他自己的马车来到一个小镇。他悄悄地进入那家他常去购药的药房，与一个年轻的药剂师做一桩并不惊人的买卖。

老医生和药剂师谈了足有一个小时。

后来，年轻的药剂师跟随医生来到马车上，取回了一个老式铜壶和一片用来搅动壶里东西的橹状木板。年轻的药剂师检查那个老铜壶后，将自己多年的积蓄一次性付给乡村医生。最后，老医生才交给年轻药剂师一张写着秘密配方的小纸片。

可口可乐的制造配方就写在那张小小的旧纸上。

这配方是那个乡村老医生的创意，是想象力的产品。我们没办法想象那个乡村医生的配方有多神奇，也不容易确定这个年轻的药剂师对这个配方进行了多大程度的修改。反正，这个叫爱撒·肯特拉的年轻药剂师，将一种秘密成分加入老医生的秘方中后，确实生产出了一种畅销全球的美妙饮品——可口可乐。

极富想象力的创意为老医生和爱撒·肯特拉带来了巨大财富。可口可乐是一个"想象力促使成功"的实例。

缔造了无以计数成功人士的成功学大师拿破仑·希尔，这样肯定地提醒人们："不管你是谁，不管你住在地球上的什么地方，不论你从事什么职业，切记，每次看到'可口可乐'这四个字，就应想到它是由一个单纯的创意创造出来的。爱撒·肯特拉加进铜壶的那个秘密成分，就是想象力的结晶。"想象力是灵魂的工厂，能带给你一个成功的目标，若你有丰富的想象力的话，那么世界上就有不少事物向你展示出新奇的面目。仅有想象力是不够的，你还必须以坚定的信念，去加以实现，所以，当我们大脑中浮现出一个成功的创意时，应采取积极的行动去实现它。

充分挖掘你的潜能

在我的成功学看来，每个人都有着巨大的潜能，潜能以一种不为人知的程序利用着你无穷无尽的智慧力量，这种力量能够把你的欲望转化成你的物质等同物。

别让潜能白白浪费。

每个人都有成功的可能，关键看你是否能将你的潜能挖掘出来。我的成功学认为，一切成功者都不是天生的，成功的根本原因是开发了人的巨大无比的潜能。只要你抱着积极心态去开发自己的潜能，就会有用不完的能量，你的能力还会越用越强；倘若你抱着消极心态，不去开发自己的潜能，那你只有叹息命运不公，并且越消极越无能。事实上，每一个人都有巨大的潜能。

我们要相信自己有处理危机状况的能力，这样才能不被任何困难或危机所吓倒。对你的能力抱着肯定的想法，你就有信心先发挥出积极的心智。这里有一则寓言故事：

一天，一个爱好冒险的男孩儿爬到父亲养鸡场附近的一座山上，发现了一个鸟巢。他从巢里拿了一只鹰蛋带回养鸡场，把鹰蛋和鸡蛋混在一起，让一只母鸡来孵。孵出来的小鸡群里有一只小鹰。

　　小鹰和小鸡一起长大，所以它不知道自己除了是小鸡外还会是什么。起初它很满足，过着和鸡一样的生活。

　　但是，随着它一天天地长大，它的心里就有了一种不平常的感觉。它知道自己一定不是一只鸡，但它又一直没有采取什么行动。直到有一天，小鹰看到一只苍劲的老鹰在天空中翱翔，小鹰感觉到自己的双翼有了一股奇特的力量，感觉胸膛里的心脏正在猛烈地跳着。

　　它抬头看着老鹰的时候，一种想法出现在心中："养鸡场不是我待的地方。我要在天空中翱翔，要在山岩上栖息。"

　　它从来没有飞过，然而它的心里有着无穷的力量和天性。它展开了双翅，飞升到一座矮山的顶上，极为兴奋，接着它再飞到更高的山顶，最后冲上了青天，到了高山的顶峰。终于，它发现了自己的伟大。

有人可能会说："那不过是只矫健的鹰，我只是一个人，而且是一个普通人。所以，我从来没有期望过自己能做出来什么了不起的事。"

　　这正是问题所在。对那些了不起的事，或许你从来没有期望能去做，只是做一些力所能及的事。然而，人体内确实具有比表现出来的更多的才气，更多的能力，更有效的机能。我从报上看到一个故事，不但有趣，而且有意义。这个故事是这样的：

　　　　一位农夫在谷仓前面注视着一辆轻型卡车快速地开过他

的土地。他14岁的儿子正开着这辆车，因为年纪不够大，他还不够资格考驾驶执照，然而他对汽车很着迷，而且似乎已经能够操纵一辆汽车，所以农夫就同意他在农场里开这辆客货两用车，只是拒绝他在外面的路上开。

但是突然间，农夫亲眼看着汽车翻到水沟里去了。

他惊慌失措，急忙跑到出事地点。他看到沟里有水，他的儿子被压在卡车下面，躺在那里，只有头的一部分露出水面。农夫并不很高大，顶多只有170厘米高，140磅重，然而他果断地跳进水沟，把双手伸到车下，把卡车抬高起来，足以让另一位跑来援助的工人把失去知觉的他的孩子从下面拖出来。

当地的医生也立刻赶来了，医生给男孩检查了一遍，只有一点皮肉伤需要治疗，其他毫无损伤。

这个时候，农夫却开始觉得奇怪起来：刚才他去抬卡车的时候，根本没有停下来想一想自己是否抬得动。由于好奇，他就再试了一次，结果根本就动不了那辆卡车。

医生说，这是个奇迹，并加以解释："当在危急状况下，我们的身体机能就发生了巨大的变化，可以分泌出激素并遍及全身，产生出巨大的能量。"

要分泌出那么多肾上腺激素，首先当然得有那么多腺激素存在腺体里面。倘若里面没有，无论什么危急情况都不能让它分泌出来。一个人通常都有极大的潜在体力。

这个事件还告诉我们另一个更重要的事实：农夫在危急情况下产

生了一股超常的力量，并不光是身体反应所致，它还涉及心智和精神的力量。当农夫看到自己的儿子快要淹死的时候，第一反应就是去救儿子，只想着怎样才能把儿子从卡车下给救出来。这时农夫身上的腺激素引发出一股强大的爆发力。

有句古话说："当命运向你掷来一把刀时，你能抓住它的两个地方：刀口或刀柄。"倘若你抓住刀口，它会割伤你，甚至让你致死；然而如果你抓住刀柄，你就可以用它来打开一条道。

每当你面对挫折和失败的时候，你就要提高你的战斗精神，去迎接各种挑战。一个成功者就是在不断地去挑战各种困难。

所以你要发挥战斗精神，让这种战斗精神引出你内部的力量，并最终将它付诸行动。

潜能释放练习法

在我的成功学看来，每个人都有一种磁性，而且具有强大的影响力和感染力。过分地压抑自己的个性，会影响你潜能的发挥，其特征表现为不能创造自我。我们通常说某个人"个性很有魅力"，实际上是指他没有抑制自我的创造性和具有表现自己的勇气。

那种受压抑的个性约束真正的自我表现，让个体总有理由拒绝表现自己、害怕成为自己，把真正的自我紧锁在内心深处，并消耗着心理能量，终日处于疲惫不堪的状态，思维也差不多陷于停顿的状态。

心理专家说，若一个人过分地被情绪长期压抑的话，诸如羞怯、腼腆、敌意，那么他就变得脾气暴躁，无法与别人相处。

每个人自身都有着巨大的潜能，往往这些潜能被别人的批评给压抑住了，这些批评可能阻碍你潜能的发挥。

倘若你见了生人就害羞，倘若你惧怕陌生环境，倘若你经常觉得不适应和担忧、焦虑、神经过敏，倘若你感觉紧张，有自我意识感，倘若你有类似面部抽搐、无谓的眨眼、颤抖、难以入眠等紧张症状，倘若你畏缩不前、甘居下游，那么，你所受到的压抑就一定很重。或许，你对事情过于谨慎和考虑过多，由此阻碍了你个性的发挥和表现。

为了防止你的潜能被过分压抑，就必须有意识地加强自我调节，更好地发挥你的潜能，以至于让你的生活变得轻松、愉快。你应该学会在思考前讲话，戒除行动之前"过于仔细"的思考。

第一，释放潜能练习之一。

1. 在你说话的时候不需要过分地担心，张开嘴巴把你想说的说出来就行。

2. 大胆地去做你自己认为值得做的事。"行动，在行动中纠正你错误的行为。"这个模式看起来有些偏颇，但其实它符合机制开动的原则。一枚鱼雷绝不会先"考虑好"它的方向和目标是否错误，也不事先试图纠正错误，它必须首先行动，向目标行动，接着纠正在行进过程中可能产生的一切偏差。

3. 你应该停止批评自己。

有时，过分地自我批评也可以压抑潜能的发挥。不论你做什么错事，都不要自我谴责。比如，你在与别人交谈过后，你就责怪自己当初不应该这么说，也许别人会误会，诸如此类的事。

心理学家对那些有着自我压抑的人进行心理辅导，帮助他们走出心理压抑。适当自我批评、自我分析和反省，这对人是有利的。但是作为一种经常不断地、每日每时都进行得自我猜测，或者对过去行为的无休止的剖析，最终只能导致行动的不成功。要注意这一类的自我批评和自我责备，要让它们立即停止。

4. 你应该养成大声说话的习惯。受压抑的人说话声音明显细小，充分表现了说话者信心的缺乏。在平常与人交谈时尽可能地使自己大声说话，但没必要对别人大声喊叫或使用愤怒的声调，只要有意识地使声音比平时稍大就行。

大声谈话本身就是解除压抑的有效方法，它能够调动起全身15%的力量。科学实验对此的解释是：大声叫喊能解除你的压抑，激发起你全部的潜能，包括那些受到阻碍和压抑的潜能。

5. 你应该直接表露你的情感。受压抑的个性既害怕表现不好的情感，也害怕表现好的情感。倘若他表白爱情，就担心别人说他自作多情；如果表示友谊，又怕被当作奉承；如果称赞某人，又怕人家把这当作虚伪逢迎，或者被怀疑别有用心。

其实你不必考虑这些，应大胆地去表露你的情感。如果你喜欢某人或喜欢别人穿的衣服或说的话，你就让对方知道。

第二，释放潜能还可以做些放松的练习：

首先，先让你的肌肉得到放松，你可以跟着下面的要点练习大约一星期，就能掌握到放松的要诀。

1. 安排30分钟时间。

2. 安排一个宁静但最好是黑暗的房间，房间内要有一张舒适的床或沙发。

3. 晚上睡在床上不要穿那些紧身的衣裤，应穿那些宽松点的睡衣。

4. 当你感到压抑时，试着深呼吸三下，每一次吸气之后，尽可能忍气不呼出，并全身紧张，然后握紧拳头。这个过程是让你体会到紧张的感觉。在每一次忍受不住时，再将气缓缓呼出，尽力让自己有"如释重负"的感觉。这个过程让你体会到放松的感觉。

5．激发你的全部潜能。

6．利用空闲的时候适当地对身体部位进行按摩。这些部位依次是：手指及手掌、前臂、手臂、头皮、前额、眼、耳、口、鼻、下颌、颈、脖、背、前胸、后腰、肚、臀、肋骨、生殖器、大腿、膝、小腿、脚、脚趾。你按照这些部位的次序，发布以下指令："放……松……松……弛……我现在感到非常舒畅……我的某些部位现在是非常松……弛，我明显地感觉这部位有一种沉重而舒服的感觉。"

7．你在做按摩之前，要尽量体验全身松弛的感觉。

8．完成手指到脚趾的松弛过程，想象一股暖流由头顶一直流淌到你的全身。暖流带来的舒适感，大大地加深了你的全身的松弛程度。

9．静静地躺在床上或沙发上，尽情享受这得来不易的松弛，体会这一状态的美好。

10．除了第9步没有时间限制之外，前面由手至脚整个逐步放松的过程需时大约6~7分钟。倘若你在不到6分钟的时间内完成，那说明你还未能达到松弛的状态。

这种练习法的关键在于：假如前面1和2的环境不许可，你应该学会变通一下；保证在这段时间内没有外界的骚扰；为了保证你能很好地得到放松，尽量安排半小时去做这些程序。

有一位工程师坚持练习这一放松术，矫正了严重的语言障碍，其逻辑思维和工作才干也获得惊人的发展，他温和待人的态度和冷静的处世方法，也得到周围人的赞赏。

　　第三，释放潜能练习之三。有不少伟大的人物，诸如富兰克林、贝多芬、达·芬奇、爱因斯坦、伽利略、萧伯纳，以及许多别的巨人，他们大部分是敢于探索未知的先驱者。其实，他们和普通人一样，没有什么不同，但只有一点是不同的，那就是他们敢走常人不敢走的路。

　　文艺复兴时期的魏策尔曾经说过："我不会因为陌生而感到恐惧。"只要敢于去尝试各种挑战并付诸努力，坚持不懈，你总有一天会获得成功。

　　倘若你敢于涉足那些陌生的领域，便有可能切身体验到人世间的各种乐趣。想想那些被称为"天才"的人，那些在生活中颇有作为的成功者，他们并不单单是某方面的专家，其实他们从来不回避困难。你应该对自己有个全新的认识，倘若你想让自己的生活充满色彩，那就去尝试各种自认为办不到的事情吧！

　　要知道，伟人之所以伟大，总是体现在他们探索的品质和探索未知的勇气上。如果你要积极尝试新的事物，就不得不放弃一些会对自己个性造成压抑的观念，比如认为自己不够坚强，经不起挫折；倘若涉足于完全陌生的领域，会碰得头破血流等。这些观点都是很荒谬的。

　　其实，倘若你改变生活中单调的常规因素，你会感觉到精神愉悦和充实；相反，安逸的生活则会削弱意志并产生消极的心理影响。一旦你失去对生活的兴趣，就可能导致对生活的厌倦；相反，如果你能在生活中不断地去探索未知，并始终有必胜的信念，那么你的生活一定很精彩。至今仍有不少人有这样的心理："这事对我来说太难了，我实现不了！"

　　这种心理状态让人不能面对挑战，不能去积极尝试新经历。因此，你必须坚决摒除这种心理。如今有不少人做任何事情之前都在找理由，如果他们认为这事没有任何意义的话，他们则不去做。实际上，并不是做所有事都需要理由的，只要你喜欢就可以去做。

　　你没有必要为自己所做的每一件事寻找理由。当你还是个孩子时，逗狗玩上一个小时，其理由仅仅是你喜欢逗狗玩。可当你成为大人时，你却必须为做每件事找一个充分的理由。你的这些顾虑会阻碍你的个性成长、发展，同时也会抑制你潜能的发挥。

　　所以，在某种程度上，你可以想做什么就做什么，其原因仅仅是你愿意这样做，这种思维方式将为你拓展生活的新天地，并最终引导你走向事业的成功。

　　第四，释放潜能练习之四。这一练习的目的是要让你寻找人生的安全感。所谓的安全感，意味着没有危险、不受威胁的安逸生活，但这种生活会让人失去斗志，缺乏冒险精神。

　　安全感指各方面的保障，比如金钱、房产和汽车等物质财富，也可指工作或社会地位等生活保障。世界上也存在着另一种值得追求的安全感，这就是内心的安全感。

　　所谓内心的安全感，就是自己有足够的信心，对未来抱有信心和希望的安全感。这是唯一持久的安全感，也是真正的安全感。财物终归会耗尽，名声随毁誉而沉浮，唯有自我可以依赖。所谓的财产、工作、地位，只不过是生活的附属品，而拥有自信心才是你生活中的全部，你应该相信自己能够处理一切事务。

　　在此我们不妨假设，此时你正在阅读这本书，你可以闭上眼睛想象一下：突然有人扑向你，把你全身衣服剥光，把你扔到直升机上。

直升机把你运到索马里内地，留在一片荒原上。你既没有任何准备，也没有带钱财，除你自己之外，一无所有。

你将面临语言、风俗、习惯、气候适应等困难，在这种情况下，摆在你面前的只有两种选择：是要设法生存下去，还是因困难而死？是结交新朋友，找到吃的住的，还是躺下哀叹自己不幸？

倘若你依赖的是外部安全感，你将没办法生存下去，因为你的所有财物都已被剥夺。但是，倘若你内心坚强，毫不畏惧，那你就会活下来。当一个人能够对各种困难局面应付自如，不被吓倒，那才是获得了真正的安全感。一些勇于冒险和探索未知的人，他们并不是事事都预先订好计划，却可能事事走在前面，因为他们有来自内心的强大的安全感。勇于开始新的尝试，就能使得自己不断发展，有所作为。

第五，潜能练习之五。

这一练习法的目的是要你学会暗示的诀窍。暗示是释放人性潜能的重要手段。暗示会产生可感的心理启发，并导致潜在动机产生行为。积极的带有成功意识的暗示会让你较少利用意志力，从而在自发心理中实现自己的目标。

善用积极的心理暗示

世界上有许多因不安、自卑而苦恼的人，他们总认为自己一事无成，这便是负面自我暗示在起作用。人在悲伤时候就会哭泣，但常常却由于哭泣而更悲伤。自我暗示的正作用，是训练怎样增强自信心，怎样能由失败中体验成功，又怎样克服恶劣的情绪，等等。自我暗示能使你把面粉当药剂，从而治好你的病，也可使你把毒液当药水吃，从而使你送命。怎样正确使用自我暗示，是你在人生历程中不可避免，更是必须弄清楚的一门学问。

自我暗示的巨大力量

我能够给你提供一个自我暗示公式，它的要点就是要提醒你不断地对自己说："在生命中的每一天里，我都在进步。"暗示是在平和的情况下，通过议论、行动、服饰或环境氛围，对人的心理和行为产生影响，使其接受有暗示作用的观点、意见或按暗示的方向去行动。

我曾说："自我暗示是意识与潜意识之间互相沟通的桥梁。"通过自我暗示的训练，可以让意识中的观念变成潜意识中的一部分。即你能够通过有意识的自我暗示，将有助于成功的积极思想和行动，种在潜意识的土壤里，使其能在拼搏过程中减少因考虑不周招致的破坏性后果。因此，通过想象不断地进行自我暗示的人士，很可能会成就一番宏伟的事业。

暗示的力量有时也会给人带来致命伤害。在某医院，当一位医生给病人进行肺部透视时，突然发现自己的白大褂上被钉子钩了一个洞，他忍不住说："哎呀，这么大一个洞。"病人认为医生在说自己的肺有个洞，不禁大惊失色，顿时害怕得昏了过去。

显而易见，这是医务人员的语言给病人心理造成了暗示的结果。我以前曾经待过的医院也出现过类似的情况：由于病人的疏忽写错了病人编号，让两个胸部透视的病人相互取走了对方的检查报告单。这两个病人，其中一个是患有肺结核的病人，由于检查没有毛病，不用药而好了。而另一个根本就是健康的人，因受到错误的报告单的暗示，却住进了医院。

　　这是令不少人吃惊的现象，也使我们中的很多人开始对心理学的研究关注起来。暗示是人类心理的正常特性，它进入人的潜意识，不受主观意识的批评和抵制。所以，在应用暗示时，应注意暗示是以无批评地接受为基础的，它不是强制性的，不要求他人非受到暗示不可。暗示作为一种社会心理现象，一般有如下特点：

　　第一，暗示是一种心理活动，所以又称为心理暗示。暗示的过程，主要是人们受到某个信息影响的过程。因此，进行、判断、推理、论证等活动方式，都是暗示这种心理活动的表现。

　　第二，暗示有一定的明显性和隐晦性，二者是统一的。通常，暗示者都会把主要的隐藏起来，通过一些细小的信息传达给对方，让对方清楚。例如，百货商店在销售电风扇之前，让厂家在柜台上摆起电风扇，做"破坏性试验"，以便为顾客展示其使用寿命，来赢得顾客信任。

　　第三，暗示具有生活的真实性，但其形成有一定特殊的心理环境和外部环境。有一位商学院的实习生，巧妙地利用环境暗示在短期内发了大财。他把美国石油大王洛克菲勒的照片挂在他位于华尔街的办公室的墙中央。他挂照片的举动让人联想到他和石油大王有很深的关系，更有甚者，认为他对经济情报很灵通。其实，他从未见过石油大王。

　　暗示心理往往发生在被暗示者与环境接触的过程中。那么给个体创设一定的暗示环境，就能在某种程度上控制住被暗示者的心理变化。上面的这位实习生利用暗示的技巧使人们对他产生错误的认识，从而赢得了与许多富翁交往的机会；在他们的帮助下，生意兴旺也是必然的了。

第五章
开创事业坚定意志

当你明确目标之时，就是你开始运用个人进取心的时候了，开始执行你的计划，组织你的智囊团。虽然你会发现在执行计划的过程中，你的目标发生了一些变化，但最重要的是"马上展开"你的计划。

别让外在力量影响你的行动，虽然你必须对他人的惊讶和你所面对的竞争做出反应，但你必须每天以你的既定计划为基础向前迈进。用你对成功的想象来滋养你的强烈欲望；让你的欲望和热情燃烧，最好能烧到你的屁股，随时提醒你不可在应该行动时仍然坐待机会。

展开第五张羊皮卷

戴尔·卡耐基曾经告诉过我："有两种人绝不会成大器：一种是除非别人要他做，否则绝不主动做事的人；另一种人则是即使别人要他做，也做不好事情的人。那些不需要别人催促，就会主动去做应做的事，而且不会半途而废的人必将成功。"

创造非凡成就的人都有一些共同的特质，包括：有明确的可实现目标远景，不断追求分阶段目标的执行力，独立，自律，以"赢的意志"为基础所建立起来的坚毅精神，迅速且明确地决策的习惯，以事实为根据发表意见而非猜测，要求自己多付出一点点的习惯，激发热忱和控制热忱的能力，要求细节到位的习惯，听取批评而不动怒的修养，熟悉十项基本的行为动机，专心用心的能力，为自己的行为负更多责任的能力，为属下的过失承担所有责任的意愿，对属下和朋友付出耐心，随时保持积极心态，运用信心，吸引团队的能力，获得团队成员支持的能力。

当你明确目标之时，就是你开始运用个人进取心的时候了，开始执行你的计划，组织你的智囊团。虽然你会发现在执行计划的过程中你的目标发生了一些变化，但最重要的是"马上展开"你的计划。

别让外在力量影响你的行动，虽然你必须对他人的惊讶和你所面对的竞争做出反应，但你必须每天以你的既定计划为基础向前迈进。

用你对成功的想象来滋养你的强烈欲望；让你的欲望和热情燃烧，最好能烧到你的屁股，随时提醒你不可在应该行动时仍然坐待机会。

每当你完成一件工作时就应做一番反省，这是你所能做到的最好的成绩吗？如何能做得更好？何不现在就使自己更进一步？是否能够发挥个人进取心，应视你对于每次机会的觉醒程度，以及你是否能在发现机会时立即行动而定。

很明显，个人进取已是一种要求甚多的特质，它的实践需要许多心理资源作为后盾。当你的进取处于低潮时，不妨求助于可在其他所有成功原则中注入新的生命力，并且使它们再度发挥作用的一项原理：积极心态。不要等待非同寻常的机会在你的面前出现，而要抓住每一个普通的机会，让它在你的手中变得非同寻常。

谨慎迈出第一步

年轻人做生意大都很心急，这是非常错误的。我发现这种趋势还在不断地扩大，在这里，我提醒大家一定要小心。

你如果不幸和别人发生了债务纠纷，那么，事情的性质就不一样了。我之所以说这个问题，是因为年轻人开始自己打理生意越早，就越需要讲诚信。刚开始，我们可以通过利用别人的资金来建立自己的事业，但是，这样做在当今激烈的社会中有很多不利的地方。

有的人向朋友借钱，或者自己继承了一大笔财产来创建自己的生意。但是，我认为，年轻人应该自己努力，开创事业。这对年轻人非常有益。那些靠自己努力做事的人会追求完美、全力以赴，比那些总是靠别人帮助的人更能发挥自己的潜能。

　　一个人如何处理自己继承的财产，如何像白手起家的人那样全身心地投入到生意中去，是一个非常重要的问题。前人所积累的经验，我们一定要做好并且发扬光大，这样，我们的后代才会变得更加明智。

　　如果一个人没有能力使自己的生意继续下去，那么，我就劝你不要贸然开始自己的事业。可能有人会问，那从哪里挣那么多钱啊？其实，答案很简单，如果一个人在某一行业里技术精湛，不出几年便可以攒够开创自己事业的资金。刚开始打工的时候，工资可能不会很高，但是，毕竟是一份收入，而且也不会有什么风险。

　　如果说1000个青年在30岁的时候靠自己的努力自己做生意，并苦心经营，那么30年后，他们中成为百万富翁的人可能很多。但如果1000个青年在30岁的时候便用自己继承的家产或向朋友借钱来开创自己的事业，就算投资的金额多三倍，40年后，他们中成为百万富翁的也不一定有几个。

　　一些学者认为，孤儿到最后大都能成功，在做生意方面也比其他人好，这也可以说是对这条规律的论证吧！虽然我对这些规则还不完全赞成，但是，事实就摆在眼前。

　　即使上面所做的那两种比较中，双方都是做生意的天才，而且都有资金，万事俱备，那么，那些30岁开始自己做生意的人到60岁时，也比那些20岁时就有大量的资金，自己做生意的人资金多。这种预测是显而易见的，并不需要什么证据。之所以会出现这种情况，是事物的本质决定的，这一点我在"勤劳"那一章也做了解释。

　　而且这些观点都是有证据的。如果你细心观察，无论在美国的哪个城市，都会发现那些生意兴隆、事业腾达的人大多是靠自己的努力得来的。

　　他们在创业早期除了自己的双手和善于思考的大脑，一无所有。在波士顿这种现象最多。在那些连年亏损或是不景气的生意人中，你也会发现他们大都是依靠继承的财产；或者贷款，在很年轻时就开始自己创业。

　　我知道肯定会有读者对这些非常反感，不相信我说的这些。好多年轻人都羡慕那些已经做生意的朋友，他们觉得那样十分风光，于是也就想模仿他们。其实，他们看到的只不过是那些人的表面现象，但他们却听不进去，就是你对他们说那些人的生意已经搁浅了，根本没多大收益，他们也不会听的。

　　他们总是认为，那是因为经验不足，不会管理，如果换了自己，结果肯定会不一样。

　　全国各地的大型商店里都有好多年轻人，他们的学徒期已过，职位也好一点了，比如一位熟练的工人很努力、节俭，并且已经有好几百美元的积蓄了。大家都知道，人的天性在这个时候都是上进的，这是金钱衡量不了的。他们成为合格的店员，并且自我感觉很好，就算资质不是那么好的人，也对自己充满了信心。

　　但是，这些年轻人的背后通常都会有投资人的窥视，这些人发现某人有能力，然后，他们投资给年轻人，自己坐收渔利。这些年轻人经受不住诱惑，有时候，还会有朋友在旁边煽风点火，他们就开始了自己的生意。

　　经过苦心经营，他们有可能会取得成功，但是，大多数情况下都是以失败告终。有的人可能因为一次失败而走向堕落，迷失了自己的灵魂，甚至有的人会选择轻生。

大多数年轻人都有这样的想法："我这个年龄已经有人开始了自己的生意，而且取得了成功，那么我现在也能开始自己的生意了，可能不会那么成功，但也差不到哪里去。

"而且我现在已经是合格的店员了，也知道怎样来管理。虽然朋友们都劝我再积累几年经验再说，但是我觉得，做店员实在是太辛苦了，而且就算我再工作几年，我还能学到什么东西呢？"

还有人说："我已经具备了相关的理论知识，接下来应该提高自己的业务水平了——自己开店也能得到提高啊！如果我生意没成功，我还可以重新再站起来——很多人也犯过这样的错误啊！

其实，犯错误也不是什么坏事，吃一堑长一智嘛，这也叫积累经验！老年人都认为年轻人应该到40岁再开始自己的事业。我决定要尽早开始，机不可失，时不再来！我相信自己一定能成功！"

不知道有多少年轻人都有这样的想法，如果说这种想法是正确的，那么我上面所举的例子又怎么说呢？还有，为什么每个人都在自己工作了20年之后才感觉到自己年少时的无知呢？

这种自我膨胀和盲目自信是世人普遍的习气，也是商人野心勃勃的表现，它存在于每个行业中。而且这种习气在一些法律工作者、政府公务员、医务工作者及心理医生身上也相当普遍。

医务行业是这种风气最集中的行业。因为行医执照和证书都很容易得到，所以，就导致很多人产生了这种习气。无论是哪个青年，只要他会最基本的读写能力和敢于尝试，三年就可以取得某些州的外科医生的执照，在这期间，他们有大量的时间来做其他事。

他们只要在业余时间学一点解剖、外科和护理知识，记住一些要领，就具备了一个新手的基本条件；再听一些医学演讲报告，就可以拿到文凭了；然后，他们理所当然地就拿到了营业执照，就是一名医生了。

然后，他们就可以凭着这些证书来大肆敛财，这些人才不会管有多少人命丧黄泉呢！"我总觉得，学业不精的年轻医师最少也得葬送掉12个病人的生命后，才有资格行医。"这是某大学一位老校长说的话。

一个青年牧师如果没有掌握扎实的神学知识，就不会得到人们的信任，虔诚的信徒都不会忍受这种骗局。

神学学生应当刻苦研读课本，博闻强记，因为这样的书几乎每个人都有，想骗大家是绝对不可能的。年轻人在自己的行业的经验还不够，如果过早地开始自己的生意，就会造成不良后果，一般情况下，30岁之前开始自己的事业的话，其结果大都是以失败告终。

德高望重的牧师都在苦心地劝那些青年神学者千万不要过早地涉足牧师职业，因为这样不利于他们的前途，也不利于基督教的发展。我希望所有的年轻人都能听到这种声音。我认为年轻人都应该参考一下"拿撒勒青年"以及以色列的革新者的成长史，这对他们是非常有益的。

现在全国的报纸多得数不过来，年轻人可以多读一些关于法律、政治以及神学方面的书籍，并且多加思考，这样才能增长自己的知识和才干。蒂莫西，人们常常称他为年轻的蒂莫西，年轻有才，他30岁的时候才成为一位牧师，那么他为什么不像其他年轻人一样18岁或20岁的时候就涉足此领域呢？

还有，他为什么偏偏要等到30岁时才开始呢？因为他在30岁之前，还在不断地学习更多的知识，所以，他才成为一位合格的牧师。

有的年轻人也经常问这样的问题："我到底还要等到什么时候才会有人帮我开始自己的生意呢？"

其实年轻人不应该这样问，他们应该问："我现在有资格开始自己的事业吗？"一个人在生意场上要做到尽善尽美是不可能的，但是，一些必备的经验和素质却是不可少的。

一般说来，30岁之前想具备这些经验和素质是很难的。在有些国家，要学一门简单的手艺都需要七年时间，而在美国，很多人连这一半的时间都坚持不了，他们总想走"捷径"。而且有这种想法的人越来越多，真是令人惋惜啊！

树立诚实经营思想

信用在做生意中是非常重要的，就算有人曾经有过不诚信的行为，他们也会同意这种观点。诚信这个词，每个人在与别人的交往中都能体会得到。这个社会正是因为信用的维系，才不至于崩溃。没有信用的社会是野蛮的社会。

事实上，即使许多低级动物间也是讲"信用"二字的，何况我们还是作为高级动物的人呢？

可惜的是，人类表面上说得好听，真正能做到的却很少。我真诚地希望年轻人不要冒着牺牲自己名声和良心的危险，通过不正当的途径获取利益。尤其是那些刚步入社会的年轻人，这样做不但会受到良心的谴责，而且会丧失前程。

比如，如果一个商人被别人发现他有欺诈或通过不正当途径获取利益的行为，那么他就会身败名裂，即使拥有很多的钱财，也会为人所不齿。无论在什么时候，我们都要讲信用，谁要是忘了这一点，就会遭到报应。

不懂得"勿以恶小而为之"这个道理的人，很有可能会走向堕落。做坏事有了第一次，就会有第二次、第三次……如此下去，就会一发不可收拾。这种人的最终结果将会是一无所有。

公平的交易应该建立在公平的市场价格和商品自身的价值基础之上，这是大家都明白的道理。一件商品的价值是通过市场价格体现出来的，每一个人都应该按照等价交换的原则进行交易，对商品的定价要合理，要遵守诚实守信、实事求是的原则。

不按照这些规则就是不公平的交易，如果是有意的，那就演变成了欺诈。

欺诈有很多种，如隐瞒市价等。买东西的人和卖东西的人都有自己的想法，然而，有很多"高人"用故意隐瞒市价这种不公平的交易来达到自己的目的。

为什么很多人都不觉得这种行为可耻，并且沉浸其中呢？原因只有一个，那就是财迷心窍。卖方都知道，只有遇到糊涂的顾客，才会夸大商品的实际价值，以高于市场的价格卖给顾客。

但是，这不是一个诚实的人应该做的。如果顾客是个小孩子呢？你也忍心这么做吗？要是哪个商人真的这样做了，那真是丧尽天良。成年人或许知道某些商品的价格，但是，小孩子却对此一无所知。欺骗小孩不应该，欺骗不知道商品市场价格的成年人也不可取。

因为，如果他知道商品的市场价格，那么，他从今以后再也不会从你那里买东西了。

这些骗子应该想一想，如果别人利用你的无知来欺骗你，你愿意吗？你们从来都说是"愿者上钩"，可你们想没想过，你们的行为是否符合公平交易的原则？

有的人还故意利用各种方法编造市场价格。他们只要听到别人某件商品卖了多少钱，就以讹传讹。造谣人借用别人的嘴说假话，来减轻自己良知的亏欠。

还有一种欺诈行为，是以次充好。明明是质量不佳，有缺陷的商品，却说成是优质耐用的好货。这些人有时是故意为之，有时是模棱两可。

中间商也常常夸赞自己的东西怎么怎么好，因为，卖给他们东西的人对他们说了这件商品如何如何好。不幸的是，这些话总会有人相信，因为他们觉得店主对他们很实在。其实，店主是最精明的，他们基本上就没有信用。

利用媒体广告鼓吹自己的商品以达到促销的目的，是"高智商"的欺诈行为，也是最普遍的行为。他们在报纸最醒目的位置，登上大篇的华而不实的广告来迷惑人心。

好多消费者之所以会上当受骗，就是因为其中的"名人"效应，名人的那张脸在广告中起了很大的作用。如果所有的人都抵制这种行为，广告的威信就不会那么高，我们的身体健康和美好生活才能够得到保障。

隐瞒商品的缺陷是奸商惯用的手段，它也是一种欺诈行为，民众都鄙视这种行为。有的人听到这样的事情的时候感到很奇怪，而奸商就是利用这种宁可信其有不可信其无的心理来施行骗术。有顾客来时，他们就鼓吹自己的商品如何如何好，而且说，不如自己体验一下。这种狡辩简直是太无耻了。

店主的心里也很清楚，一般的顾客都不会发现多少毛病，都要靠他们指出来。诚实的店主会把缺陷都告诉顾客，可很多顾客在知道了商品的缺陷之后，不打折扣就不买了。

所以，只要店主不说，顾客就会买下来。这种手段非常下流，但有些人却总是装出一副很无奈的样子，他们说，自己买到了不好的商品总得卖出去吧？

其实，这不能成为他们欺骗顾客的理由。

骗子大都既吝啬又狡猾，当我们决定要买他们的商品，与他们谈论价格时，他们就会发挥他们常用的伎俩。

在所罗门时代，人们常用"买时贬，走时夸"来形容这种情形。这种情形现在同样也在运用，有时我们谈妥了价格，觉得还行，其实我们还是上当了。

在现实生活中，那些无知、谦卑的不应该是受骗对象的客人，却常常是受害者。有时，那些看起来很博学，衣着得体，神态自信的人常能使店主让价，买到自己称心的商品。

刚开始创业的店主有时会遇到这种情况，为了培养回头客，他们相信买主说的能在其他地方买到比这更便宜的商品，就以折本价卖出自己的商品。

这样做对他们没有任何好处，那些买主可能会嘲笑店主的愚蠢，而且这些店主也有随时关门的危险。他们中的有些人有时还会大肆宣扬自己买卖做得好，真是不知羞耻。

缺斤短两、缺少尺寸的问题也是一种欺诈行为。我之所以会把它放在最后，是因为我希望这种问题的出现率会更低一些。

那种明明知道测量器具不准，知道其中的问题也不去检查，听之任之的现象是非常令人不快的。大多数时候，是因为这些器具在制造的时候就有问题的。

因为做这些器具用的都是劣质材料，政府为这个问题专门设立了质检员，合格的商品就会盖上公章。如果知道自己的器具的材料是劣质的，那就要定期检查器具，以保证其准确性。

我上面所说的都是些比较常见的欺诈类型，大家几乎每天都能看见或接触到。年轻人要坚决抵制这些欺诈行为，因为这不仅关系到你的声名，还关系到你做生意的前景。

下面是我列举的一些青年人做生意时应该注意的问题，因为能力有限，我只能粗略地写一下，没有多做评论。

一、不要弄坏从别人那里借来的东西，不然的话，有百害而无一利。

二、借别人的东西要及时归还，千万不要拖延。

三、用具的使用范围不能超出它的极限。

四、如果借的用具表面与刚借时没什么区别，但性能已明显下降，千万不能就此归还。

五、对那些有疑问、不敢肯定的问题一定要保持警惕，那些破损的硬币也不要总是随手一扔。对于这一点，有的人做得非常好，他们把那些破损的硬币积攒起来，当旧金属卖掉。当然，做到这一点是非常难得的。

六、好多年轻人的零花钱总是与父母或其监护人给的数目有很大的出入。

七、一些东西不要用刀刮、折断或是以砍伐的方式进行破坏。

八、如果确定自己还不起，千万不要向别人借。

九、该还的钱一定要如期归还。

十、不该花的钱千万不要浪费一分钱。

十一、他人的重托要尽量完成。

十二、千万不要做不讲信用的事。

十三、不要以借用资本来完成自己的事情。

千万不可错过良机

我在前面的章节里讲过"年轻人容易过早开始自己的事业"这一观点，有几位颇有名气的人请求我再进行一次认真的论述。我考虑了一下，告诉他们，我还是坚持以前的观点。

你可能会认为，自己这一辈子肯定会开始自己的事业的，只不过是时间早晚的问题，自己现在还很年轻，再等等吧！

但是，我认为，在开始自己的事业这件事上，千万不能错失良机。我知道，年轻人大都有一股不服输的冲劲，这是很好的一点。你自己会认为，到了二三十岁的时候，既有了比较丰富的经验，又有很强的干事能力，这个时候开始自己的事业，一定能够成功。

但是，千万不要忽略一个事实：在当今美国的大多数城市中，有很多年轻人在21岁的时候就开始了自己的事业，而且21岁之前开始自己事业的也有很多。最近的调查报告显示，开始自己事业的年龄段大多为20至35岁。

　　现在的年轻人开始自己事业的年龄是比以前提前了很多。但是，过去的年轻人更容易获得成功。

　　我认为，过去的年轻人也会碰到一些阻碍，但是，没有现在这么普遍、频繁。现在，所有开始自己事业的人，在自己从商一生的时间里，至少失败过一次的比例高达95%。也就是说，生意成功又没有失败过的人是极少数的。这与过去是完全不同的。

　　当今世界的竞争非常激烈，所以，经商失败是常见的现象，没有失败过的可以说没有。因此，我们不能以某些失败而指责年轻人过早地开始事业。然而，现实生活中这样的人确实不少。

　　下面，就让我们来了解一下他们为什么会坚持那样的观点，并且依据我所罗列的事实来评判一下到底是上一代人有智慧，还是我们这一代更强。每一个职业人士在追求成功的过程中，都会体会到失败的滋味，这是因为他们过早地开始了自己的事业。

　　即使各项体制都很健全，他们也会在35岁之前遭受到失败的打击。更不用说在体制不健全、不合理，甚至还存在着很多弊端的情况下。这番话适合所有的年轻人。

　　医生和律师一般都从事事业比较晚，但教师和牧师一样，很早就开始了自己的事业，其原因与上面大致相同。我就认识一位老牧师，他从25岁时就开始执教，在教学岗位上呕心沥血，发挥着很重要的作用。

　　阿姆赫斯特大学的赫恩普雷教授认为，年轻人应该等到30岁之后才有资格来担当教师和牧师的职责。

　　有些智者也同意这种观点。可你知道一条犹太人法则吗？一条连救世主都要遵从的法则：一个人只有过了29岁，才可以真正履行自己的职责。也就是说，30岁才真正拥有自己的事业。

中国人常说的"三十而立"用在这儿是非常贴切的。我并不是想在这儿说明哪个时期的重要性，我只是想强调，过早地开始自己的事业会产生很多不良的后果。

我就认识一位非常有名的律师，在他16岁的时候，应该是帮父母多干一些家务的，可不知怎么的，当地的人们都推举他担当负责重要的宗教事务及传教的牧师。

像他这么早就开始自己事业的，寥寥无几。而且在他17岁那年，当地人还给了他进入宗教学校深造的机会，让他一边学习知识，一边做一个牧师应当做的工作。

由于他过早地承受了事业的重担，导致他还没到20岁就突然病死了，虽然人们在他的葬礼上给予他很多崇高的荣誉，但是，再多的荣誉也换不回他那宝贵的生命。

有好多人都把赚钱作为自己一生最伟大的目标去追求，他们在20~30岁之间所努力赚的钱比任何一个年龄段都多，这点我不否认，但是我自己不会有意识地那么做。

人们看到的往往是这些年轻人积累起来的财富，却忽略了他们在这个年龄段所遭受的损失。由于他们过早地承担起责任，操劳过度，导致身心疲惫，各种疾病都向他们袭来，严重时还会被疾病击倒，过早地离开人世，这对社会来说是一个很大的损失。像这样的例子在我们的现实生活中有很多，它的实际数量会让我们每一个人都感到诧异。

按照比较保守的估计，把英年早逝的数目定为10000人，把他们平均死亡的年龄定为25岁。如果人类的平均寿命为45岁，每人每年给社会创造的财富保守估计也在250美元。

那么大家算一下，这10000个英年早逝者给社会造成了多大的损失？这个数字很容易计算，总数为5000万美元。可能有人会觉得我估计得太高了，其实我也希望损失没这么严重，但是事实就是事实，是无法改变的。

还有一些问题也应该引起我们的注意，那就是一些年轻人只为赚钱或追求功名而不知疲倦地工作，时间长了，他们就会因为过度疲劳，饮食不规律而出现消化不良等肠胃方面的疾病。这些人中多是从事坐式工作。

比如，制鞋者、裁缝等，而更多的则是商人或是在商界工作的职员。据我估计，在美国，这类人每年就多达5000人。这也给社会造成了很大的损失，而且他们自己也要忍受病痛的折磨，有些胃病患者还有可能产生生不如死的可怕想法。

每年因患肺病或淋巴结核而离开我们的年轻人达6万多人。他们大都是过早地承担了人生的责任，过快地走进了忙碌人生的人群。这些人的平均死亡年龄为30岁。

按照我前面所说的人的寿命平均为45岁这一标准来估计的话，他们每个人损失了15年的寿命，而且不算他们每人平均两年的生病时间，仅这一点所造成的损失就达9500万美元。

如果再加上其他的损失，那总额就高达1.7亿美元。我们应该明白，这种悲剧每天都在重复上演。

在这里，我想请过早踏上事业征程的年轻人认真斟酌一下，每一年损失的1.7亿美元，或者说每30年损失的50亿美元这个数字，人们要进行多少次买卖交易才会达到啊！

这里还有其他的损失费用我没算进去，我怕你看了这个数据会感到难以置信。但我想说一点，就是每年这些人所接受的医疗服务费用和药费就高达100万美元，还有那些医务人员和其亲朋好友因为他们所花费的时间，绝对不止几百万美元。

这种过早走上创业道路的做法会给人带来多么可怕的后果，年轻人应当明白。另外，你们还应该明白，许多人不是败在事业上，而是败在身体的日益衰竭上，本来，在他们那个年龄，他们还应该在每一个领域当一名小学生。

我这儿所说的小学生就是要虚心向别人请教。年轻人，我希望你们一定要有甘愿做小学生的精神。我知道这个年龄段的人都有叛逆精神，他们肯定不会把这些话当一回事，他们也肯定会认为，那样做还不如及早完成自己的事业。

俗话说："万丈高楼平地起。"你们只有当好小学生，打好基础，将来的宏伟业绩才会更有保证。

我并不是说无论哪一行都得当七八年或十年的小学生。有些行业要求我们做小学生的时间可能会长些，有的则可能会短些。但你们必须明确知道，你做小学生的心情越愉快，你就越能感受到自己的明智、健康，你的前途也会越光明。

假若赚钱是你的最终目的，这些道理一定可以增强你的自信心。我也曾年轻过，在我这几十年的人生经历中，从来没有见过哪一个年轻人因为当了多年的小学生而成为输家。

有人说，20~40岁正是干事的黄金阶段，肯定会比30~50岁这个阶段效果好。

可是，如果一个人20岁的时候就不再当学徒，而是开始承担起事业的重担，那么他到了40岁，不是疾病缠身，就是英年早逝，从而无法再继续自己的事业，那他还算得上是赢家吗？还有，如果一个人甘愿多年都当学徒，当其基础扎实之后再开始自己的事业，他的事业可以一直持续到五六十岁，那你说他是一个输家吗？我上面所说的这些假设都是有事实依据的，并不是危言耸听。

在这儿我没有必要为了证明我的观点的正确性，而叙述我自己的亲身经历。但是，我要再次声明我的观点：我赞成每个人都应该花相当长的一段时间来当小学生。

当年我选择了医生这个职业，在我28岁之前，我一直都是以一个学徒的身份在不断地学习、磨炼。后来，我才真正地承担起了医生应该承担的全部责任和义务，但是，我认为，我从来都不是个输家，而且也从来都没后悔过。

要有当机立断的气魄

在培雷火山爆发的前一天，一艘意大利商船奥萨利纳号正在培雷火山所属的圣皮埃尔岛装货，准备运往法国。船长马里奥·雷伯夫凭着经验敏锐地预感到了火山爆发的威胁。

于是，他下令停止装货，立即开船。

但是，发货人坚决反对他的决定，并威胁，如果他现在离开港口，他们就以违约罪去控告他，并要求双倍赔偿。但是船长决心已定。

即使发货人一再向船长解释培雷火山已经沉默了十几年，不会有爆发的危险，船长仍然坚定地回答道："我虽然不了解培雷火山，但是我知道维苏威火山爆发前与培雷火山今天早上的情况一模一样。好了，我们现在必须离开这里，我宁可付出双倍的赔偿，也不能冒着风险继续在这里装货。"

24小时后，在发货人和两名海关官员正准备上艇前去缉捕马里奥船长的时候，培雷火山爆发了，他们全部被岩浆吞没了。而萨利纳号此时正安全地航行在去法国的公海上。坚定的意志和决心赢得了最终的胜利，若是犹豫不决，结果只能是灭亡。

当今的世界需要意志坚定、精力充沛、行动迅速的人。这种人善于做决定，也善于执行决定。当面对多个问题的时候，他们会集中精力考虑其中一个问题，果断做出决定；然后把它搁置一旁，再集中精力解决另一个问题。

这种人有着超常的管理能力，他不但能制订工作计划，而且能够执行工作计划。他不但可以做出决定，而且能够将决定贯彻到底。

每一块手表里都有一根我们看不见的发条，它推动着指针旋转，准确地计时。

同样，在每一个成功企业的背后，在每一个的伟大机构中，必定有一个个性坚强的领导者。这个人有着钢铁般的自制力，他领导和运转着一个企业，严谨地管理着这个企业。

他的决定果断而明确，从不会因某种原因而轻易更改决定。其他人有提出建议和意见的权利，但是他是最终裁决和监督执行的人。他是企业的脊梁，任何有关企业的大决定必须由他做出，其他的人都从他那儿得到启示，接受命令。

一旦他退出了或者停止了行动，那么整个企业将像断了弦的钟表，指针仍在，却没有了运转的动力，更无法准确地计时了。没有了钢铁般的意志和决定性的力量，一切都将静止下来。

著名的大商人斯图尔特去世后，由他创立的一个伟大的商业机构便渐渐地失去了内在的动力，不久便土崩瓦解了。历史悠久的纽约银行原本不过是一个不知名的小金融机构，但自从罗伯特·伯纳上任以来，在他大胆而新颖的商业运转方式的带动下，这个小银行便一跃成为著名大银行；可是，在这个创造辉煌的人物离开后，纽约银行又新貌换旧颜了。

一个伟大的领袖的身后总是有无数的跟随者。沿着别人的足迹前行相对来说并不难。但是，要做一个留下足迹的领袖却是困难的，那需要有创见、敏锐、果断、毅力、能力和韧劲，缺一不可。

如果你习惯犹豫不决，前怕狼后怕虎，不知道自己到底该做什么、需要什么，那么你永远也不会成为一个领袖，这些只是一个平庸者的品质。

当然，领袖并非完人，也会有各种各样的缺点，但是他有明确的思想，他知道想要什么，应该做什么，并会努力去追求、去做。即使犯了错误，遇到挫折，他也会立刻站起来，勇敢地继续前行。

能够果断做出选择的人从不怕犯错误。无论他犯过多少次错误，他都是那些懦夫和犹豫不决的人的领导者。那些因惧怕犯错误而不敢挪动脚步的人；那些怕遭受损失，怕担风险，总是等待情况稳定之后再行动的人；那些站在河边，直到被推下水去才肯游泳的人，是永远不会到达成功彼岸的。

世界上有很多人害怕自己做决定，他们顾虑重重，怕承担做出决定的后果。他们担心，如果今天做出选择，明天或许会有更好的机会，那时他们会因此而后悔当初的选择。

这种墙头草式摇摆不定的个性，彻底毁灭了他们的自信心。他们怀疑自己没有承担重要决策的能力，他们不敢确定自己潜意识中的选择，这致命的弱点摧毁了他们天生的聪明才智。

与平静的水总是存在于海底深处一样，你的判断力深深地存在于你的个性当中，它不应该受到情绪、他人的意见和批评以及表面现象的干扰。这种判断力是处理任何重大事件时所必需的。

有的人虽然才华出众，却毁于这样一个小的个性弱点，尤其是当他其他各方面能力都很强的时候，这是人生的悲剧。当今社会又有多少人能力超群，最终却因为缺乏当机立断的个性而沦为平庸之辈，这不能不说是惨痛的教训。

一个桥梁工程师在建造一座桥前，首先必须确定适合修建桥墩的位置。如果他总是怀疑自己是否找到了最佳位置，那么他永远不会建成这座桥。无论地况如何，条件多么差，他都必须迅速做出决定，立刻开工，最终才能建成这座桥。

因此，作为一个建筑师，必须养成当机立断的行事作风，拒绝犹豫和退缩，才能成功实现最后目标。

犹豫不决是年轻人通向成功道路上的最大障碍，严重威胁着他们的生活。如果他们下定决心，勇往直前，毫不退缩，那么成功的机会将大大增加。

因为一旦立下永不退缩的恒心，他们就会调动全部的资源来壮大自己，穿越障碍，最终定会取得成功。

但若他们犹犹豫豫，总给自己留一条后路，那么一遇到挫折或困难，他们就会想着后退，最后只能半途而废、一无所获。

如果你有犹豫不决的坏习惯，那么请你振作起来，拿出勇气和必胜的信心，在它设置路障之前打败它，确保精力和机会完好无损。现在就行动起来吧，不断地尝试做出果断的决定，切断后路，强迫自己前行。不管摆在你面前的问题多么简单，都不要再犹豫。

根据你目前的所有条件，权衡利弊，迅速做出决定。决定一经做出，就不要再后悔，让它成为最终的决定。不要再考虑其他方案，不要再拿出来讨论，要坚定，要迅捷，大声地向人们宣告，一切就这样定了。

如此坚持下去，直到果断这一优秀品质成为你个性的一部分。你会惊喜地发现你原来也可以这样坚强，同时也增强了他人对你的信任。起初，你也许常犯错误，但是你的判断力和你对自己判断力信心的加强，将弥补你犯的错误。

果断是人类优秀品质的核心，如果你缺少这种核心，那么你生命的航船将失去方向，漂泊在大海上，经受暴风雨的吹打，永远找不到停泊的港湾。

谨慎挑选合作伙伴

在日常生活中，流传着两句关于交往的警言。一句是说，无论是好人还是坏人，我们都要以诚相待；另一句是说，在和陌生人打交道时，防人之心不可无。

这两句话都有其合理的地方。就我个人认为，从一定意义上来讲，它们可以被视为互不矛盾的统一体。

例如，对一个不太熟悉、不太了解的人，你当然要心怀戒心，但是，只要是有过一面之缘，你就应该以诚相待。因为只有这种既不太近又不疏远的做法，才能被对方接受。但假若你们只是见过面，还不是太熟悉，你就跟人家推心置腹地交谈，那么对方肯定一时还难以接受。

在交往中，了解与你打交道的人的品质是非常重要的，我现在就给你们提几句忠告，希望对你们有所帮助。对于那些看起来近乎完美的人来说，其实是有很多缺陷的。话我就说到这里，个中意思需要你自己去揣摩，我觉得这句话是很有效的。

若是你的眼光犀利，能够明察秋毫，那么别人的那些阴谋诡计是不会得逞的。要判断一个人是不是在跟你玩弄阴谋诡计，这里有一个很好的办法，那就是在和对方说话的时候，你可以用眼睛盯住他，好像他就是真的骗子一样，如果他当真就是一个骗子，那么他很快就会演不下去的。

因为，如果你平时观察仔细的话，你就会发现，在骗子眼里，总是或多或少地透露着不安与惶恐。如果骗子发觉到你用怀疑的眼神盯着他看，那么他说话就会吞吞吐吐的，而且坐立不安，很快，他就会沉不住气的。

这个办法在判断一个人是否贪婪无耻方面是很有效的，当然，并不是百发百中。

另外，拜金行为要不得，它可是诚实最大的敌人。相对于年轻人来说，年纪大一点的人更容易犯这方面的错误。

做生意时不可避免地会遇到一些贪婪的老年人，所以，要尽量小心谨慎。他们中的一些人总是喜欢装腔作势，大谈自己的看法，而且极其圆滑。还有，这些人在和你交往的过程中总是企图分散你的注意力。至于怎样判断他们是否可疑，我已经告诉你们了。但是，如果是自己的亲信，可以不用那么怀疑；如果疑心过重，会给自己带来严重的后果。

如果一个人做了一笔好的生意向别人吹嘘，那么他肯定不是个诚实的人。因为做生意，有人赚了钱，那肯定也有人赔了。这一点我非常清楚，生意双方，都各取所得，但并不是所有的生意都是双赢的。所以除了这种双赢的以外，那些因为赚钱而沾沾自喜的人的品质，很快就可以看出来。

我们也要警惕那些过于自信、满口允诺的人。这种人大致可以分为两种：一种是喜欢拍马屁，只会耍嘴皮子的人，这种人时间长了就会满嘴大话；另一种人是过分热情的人，这种人往往许给别人的诺言会超出自己的能力范围，以至于给自己带来这样或那样的麻烦。这时他们的热情也就消退了，许给别人的诺言也就这样算了，非常令人失望。

另外，对那些贪婪残暴的人也要小心，因为如果做生意时不慎落入他们的手中，那就只有自认倒霉了，有时甚至还会上法庭。和这种人谈判的时候要非常注意，特别是不要疏忽一些小的细节，不然的话，就会上他们的当。

我们在谈生意的时候，一定要事先把所有的问题都说清楚，不然的话以后可能会发生纠纷。

第六章
勇往直前永不满足

　　帮助我！让我经历挫折和失败后仍能谦恭待人，让我看见胜利的奖赏。把别人不能完成的工作交给我，指引我在他们的失败中撷取成功的种子。让我面对恐惧，好磨炼我的精神。给我勇气嘲笑自己的疑虑和胆怯。

　　赐给我足够的时间，好让我达到目标。帮助我珍惜每日如最后一天。

展开第六张羊皮卷

就算是没有信仰的人，遇到灾难的时候，不是也祈求神的保佑吗？一个人在面临危险、死亡或一些未见过且无法理解的神秘之事时，不也曾失声大喊吗？每一个生灵在危险的刹那都会脱口而出的这种强烈的本能源自于哪里呢？

把你的手在别人眼前出其不意地挥一下，你会发现他的眼睑会因此而本能地一眨；在他的膝盖上轻轻一击，他的腿会立即跳动；在黑暗中吓一个朋友，他会本能地大叫一声"啊"。不论你信不信宗教，这些自然现象都是无法否认的。世上的所有生物，包括人类，都具有求助的本能。为什么我们会有这种本能、这种反应呢？

其实，我们发出的喊声，不正是一种祈祷的方式吗？人们无法理解，在一个受自然法则统治的世界里，上苍将这种求救的本能赐予了羊、驴子、小鸟、人类，同时也规定这种求救的声音应被一种超凡的力量所推动才能做出回应。从今天开始，我要祈祷，但是我只求指点迷津。

我从不祈求物质的满足。我不祈求有仆人为我送来食物，不求屋舍、金银财宝、爱情、健康、小的胜利、名誉、成功或者幸福。我只求得到指引，指引我获得这些东西的途径，我的祈祷都有回音。

我所祈求的指引，可能得到，也可能得不到，但这两种结果都属于一种回音，正如一个孩子向爸爸要面包，面包没有到手，也是作为父亲给孩子的答复。我要祈求指导，以一个推销员的身份来祈祷——

万能的主啊，帮助我吧！今天，我独自一人，赤裸裸地来到这个世上，没有你的双手指引，我将远离通向成功与幸福的道路。

我不求金钱或衣衫，甚至不求适合我的能力的机遇，我只求您引导我获得适合机遇的能力。您曾教狮子和雄鹰如何利用牙齿和利爪觅食。求您教给我如何利用言辞谋生，如何借助爱心得以兴旺，使我能成为人中的狮子，商场上的雄鹰。

帮助我！让我经历挫折和失败后仍能谦恭待人，让我看见胜利的奖赏。把别人不能完成的工作交给我，指引我在他们的失败中撷取成功的种子。让我面对恐惧，好磨炼我的精神。给我勇气嘲笑自己的疑虑和胆怯。

赐给我足够的时间，好让我达到目标。帮助我珍惜每日如最后一天。引导我言出必行，行之有果。让我在流言蜚语中保持缄默。

鞭策我，让我养成一试再试的习惯。教我使用平衡法则的方法。让我保持敏感，得以抓住机会。赐给我耐心，得以集中力量。让我养成良好的习惯，戒除不良嗜好。赐给我同情心，同情别人的弱点。让我知道一切都将过去，却也能计算每日的恩赐。让我看出何谓仇恨，使我对它不再陌生。但让我充满爱心，使陌生人变成朋友。

主啊，请您指引我！倘若每一个人在他的青少年时期都经历一段瞎子与聋子的生活，那该是多么美妙的事啊！黑暗将使他更加珍惜光明，寂静将使他更加喜爱声音。

向着目标勇往直前

如果一个指南针在没有被磁化之前，无论放在哪里，其指针旋转的角度都是不一样的。但是，一旦被磁化，它就仿佛在一种神秘力量的支配下，成为一种新的东西。在没有被磁化前，地球的磁场对它根本不起作用，它也不可能指向北极。然而，一旦被磁化，指针立刻就会转向北极，并且始终保持不变。

其实，生活中有许多人就像磁化前的指针，总是呆若木鸡，不知该指向何方，他们在被称之为神秘力量的进取心激发之前，任何刺激对他们都不起作用。

那么，到底是什么力量在推动人们向着既定目标而坚持不懈地努力呢？是进取心还是顽强的意志力？

什么是人的进取心？进取心是怎么来的？它有多重要？事实上，如果能解释进取心的本质，那么我们也就能解释宇宙的奥秘了。进取心是激励我们前进的，是我们生命中一种最有趣而又最神秘的力量。在每个人的生命中，都有它的存在，它是一种本能，就像自我保护一样。

我相信，人们每个目标的完成都是进取和意志力——这种永不停息的自我推动力作用的结果。这是宇宙力量在人身上的体现，并非单纯靠人的力量所能创造的。我们需要这种永恒的进取心，我们即使付出再大的代价，也不会犹豫的。

前进的力量是每一种生物的本能，因为所有生物都是有生命的，所以，这种前进的动力都出自于本能中。连蜜蜂和蚂蚁都具有这种本能，推而广之，其他动物也都具有这种本能。

埋在地里的种子也正是在这种力量的刺激下破土而出，推动它向上生长，向世界展示坚强与执着。

在我们人类的体内也存在着这种激励，它推动我们去完善自我，超越自我，从而去实现那些美好的理想。但是，这种向上的愿望，这种上帝赐予的力量，也有可能化为乌有。一旦染上了懒惰的习惯，就只能在原地徘徊，甚至倒退。

如果我们能够在这种强大的推动力的引导下去做事的话，那成功就离我们不远了。但是，如果我们无视这种力量的存在，或者我们很少去服从这种力量的引导，那么，我们就会变得很渺小，永远不会取得任何成就。

这种内在的推动力从不允许我们有丝毫的懈怠，它总是激励我们去创造更加美好的未来。由于人类的成长是无限的，所以我们的进取心永远也不会停止。

我们目前所到达的高度足以令人羡慕，但是，我们却发现今日我们的位置和昨日的位置一样，强烈的进取欲望在我们的心头燃烧。那个催人奋进的声音又在我们的耳畔响起，我们听到了向更高目标努力的召唤，一种强大的内在力量始终在催促我们前进，向更高的目标奋进。

琼·菲特说："信心和理想乃是我们前进道路上最强大的推动力。"

梭罗说："你是否听说过：一个人穷尽毕生精力向着一个目标努力，却毫无所获？一个人始终有所期望，始终激励着自己，却无法提升自己？一个人以英勇的姿态、宽宏的胸襟、真诚的信念和追求真理的决心去为人处世，可是依然一无所获？难道这些努力仅仅是徒劳的？"

进取心是一种伟大的激励力量，最终会使我们的生活更加美好，人生更加璀璨。

不断自我激励，始终向着更高更好目标前进的习惯一旦形成，就会逐渐消除我们身上所有的不良品质和坏习惯，因为它们失去了赖以生存的环境和土壤。

在一个人的成长过程中，只有被鼓励、被培育的品质才会成长，而消灭不良品性的最佳方式就是消除它们赖以生存的土壤。那么，根除堕落倾向的最佳方法就是激励自己去追求更高更好的目标。

只要我们有一颗进取心，哪怕是极其微弱的，也会像天堂里的一颗种子。经过培育和扶植，它就会冲破土层，茁壮成长，直到开花结果的那一天。

但是，如果在我们身体和精神的土壤里，没有足够的养料和水分，追求更高更好目标的种子就无法成长。而野草、荆棘和有毒的东西便会趁机肆意蔓延。

绝大多数的年轻人都认为，进取心是天生的，无法通过后天的努力加以改善，但是，再伟大的雄心壮志也不可避免地会受到各种严重的伤害。拖延的毛病，避重就轻的习惯必定会严重地削弱一个人的雄心。同样，与理想背道而驰的东西，也会令你的雄心壮志受到打击。

一般来说，人们都能意识到进取心的存在，可是，进取心随时都有可能叩响自己心灵的大门。如果我们不注意它的声音，不给予它鼓励，它就会疏远我们。它和其他未被利用的功能和品质一样，雄心也会退化。它需要人们去发现、激发和引导，否则，它还未被利用就去"周游"世界了。

上帝会在芸芸众生的耳边小声地说："勇往直前！"宇宙间的所有生命都力求使自己达到更高的境界。万物在进化过程中总是向前发展的。毛毛虫可以变成一只蝴蝶，但蝴蝶不会退化成一只毛毛虫，毕竟万物的进化法则不会因蝴蝶的主观想法而改变。

若是你发现自己内心不再有那种催你奋进的声音，那就要格外注意了。如果你真的不聆听，不鼓励它，那么，这种声音就会逐渐消失。到了那时，你的进取心也就毁灭了。当这个来自内心、催你奋进的声音回响在你耳边时，一定要认真聆听它，它是你最值得信赖的朋友，将指引你走向辉煌灿烂的明天。

把一切做到尽善尽美

在伦敦，有一个很有名气的钟表商，名叫乔治·格雷厄姆。一天，有一位顾客来到他的钟表店，精心挑选了一块手表，但是仍然对手表的质量心存疑虑，于是，就问店主格雷厄姆，手表走时是否精确？

"先生，你只管放心使用，这块手表的制造和校时都是我亲手完成的。如果这块手表在七年后走时误差超过五分钟，你来找我，我一定把钱全额退给你。"格雷厄姆回答。

七年后，当年买手表的那位先生从印度归来，他又来到了格雷厄姆的钟表店找他。

"先生，您还记得我吧？我把你的表带来了。"那位先生说。

"哦，我记得您，先生，我也记得我们的条件。怎么了？那块表出问题了？"格雷厄姆说道。

"先生，是这样的，这块表我已经用了七年了，但它的走时误差的确超过了五分钟。"那位先生说。

"真的？如果是这样，我现在就把钱全额退给你。"格雷厄姆说。

"先生，除非你付给我十倍的价钱，不然我不退。"那位先生说。

"先生，我不会食言，我答应你的条件。"说着，格雷厄姆将钱付给了那位先生，换回那块表，留着自己校准时间用。

格雷厄姆先生制造钟表的手艺是当时伦敦、也许是全世界做工最精细的机械师塔彼温先生传授给他的。如果钟表上刻有他的名字，那就标志着质量优异、走时准确。

有一次，一位顾客拿了一块刻了他名字的坏表找他修理，虽然表上刻有他的名字，却是十足的赝品。塔彼温先生并没有责怪顾客，而是随手拿起锤子将表砸得粉碎。这位顾客惊得目瞪口呆。这时，塔彼温先生拿出一块自制的手表递给那位顾客，说："先生，这才是我制造的产品。"

格雷厄姆先生一生中还发明过许多仪器，如太阳系仪、司行轮、水银钟摆等，如今人们仍然在使用，而且技术上几乎没有什么大的改进。

他为格林尼治天文台制造了一台大钟，到现在走时已超过了150年，但仍然性能良好，只是每走15个月就需要校时一次。由于塔彼温和格雷厄姆的工作尽善尽美，达到了至高境界，因此，他们被获准长眠在威斯敏斯特教堂。

永远保持进取心

是什么让你在少年时就立下了远大的志向？是什么让你为了一个目标而夜以继日？又是什么引导着你一步步向前迈进？

雄心壮志的冷却是人衰老的特征之一。当它在你内心猛烈地燃烧时，你感觉自己是年轻的，是充满激情和活力的，不管做什么事，都会全力以赴，此时你将永葆青春。虽说岁月的年轮不可阻挡，但是只要一个人的梦想还在，只要他有强烈的进取心，只要他以严于律己、刻苦攀登的决心来做事，只要他的雄心还在，那他就永远不会衰老。

随着年龄的增长，我们大部分人开始避重就轻，我们不再愿意拼命去争取那些吸引我们的东西。这时，我们的进取心锐减，人生目标骤降，这是多么危险的事啊！

许多人到了一定的岁数后，做事就没了年轻时的那股闯劲。他们不再注重服装和形象，也不太愿去思考，生活过得也很简单。他们还总是说这样的话："没关系，我不再年轻了。"

面对无情的岁月流逝，对一般人来说，要想保持进取心，要想一如既往地坚持当年的理想，要想保持对工作的新鲜感，这是一件最困难的事。

要使进取心不衰竭、不减弱，关键在于保持兴趣。一个热爱创作的艺术家，无论年纪多大，都会热情不减。年老时，他会带着年轻时一样狂热的热情和兴趣在艺术的王国里畅游。

许多人随着年龄的增长而变得日渐懒惰和萎靡不振。他们的生活过得很混乱，他们不愿意为保持积极的心态而奋勇向前，也不愿意以当年的雄心来重整今日的生活。

在一些人看来，一个人的斗志会常驻于人的生命之中，可事实并非如此。一个人的斗志会随着一个人的衰老慢慢地悄无声息，这便是他衰老的标志之一，也标志着他的工作能力日渐退化了。永不枯竭的进取心是我们生命中最需要悉心培养的一种品质，尤其是当我们额头上的皱纹加深的时候。如果对此认识不够深刻，我们很容易变得畏首畏尾起来，变得避重就轻起来，变得不再拥有恒久的毅力。

我们年轻时都有崇高的理想，但随着年龄的增长，我们的目标都在慢慢降低。我们一旦放纵自己，不再以年轻的心态来审视自我、鞭策自我，我们就会走向堕落。大多数人都倾向于选择走最平坦、最笔直的路。

而竞争的本能与追求轻松舒适的本能其实是风马牛不相及的。即使最高贵的人，其天性中也存在着以上两种本能的激烈斗争，竞争的本能要求人勇于战胜一切困难，而求安稳的本能使人变得缺乏激情和颓废。

世界上最让人"哀其不幸，怒其不争"的人就是那些不思进取的人，他总是拒绝内心那个催促他们奋勇向前的声音，他们的理想火焰因为缺乏燃料而熄灭。一个人无论目前的处境多么困难，只要还有重振雄风的勇气，那他就还有成功的一天。而一旦进取心消磨殆尽了，那么推动他去行动的最大动力也就不复存在了。

始终保持一颗充满激情的心态需要多种条件。除非一个人的进取心本来就极其坚定，否则，它就必须由持之以恒的意志力、果敢的判断力、强健的体魄和坚强的忍耐力来加以支撑。

如果一个人不想让自己的进取心衰退，那就要经常注意培育自己的进取心，还要始终保持青春的活力。人的进取心是做好任何事情的决定性因素。如果我们能理智地对待生活，就不会在年老之时降低自己的人生标准，放弃少年时代的梦想和努力。

即使我们有天大的雄心壮志，也不如生命力更加宝贵。哪一个人不想得到人生的圆满呢？有谁想看到自己脸上岁月的痕迹和衰老的症状呢？哪一个人不想保持充沛的精力和强健的体魄呢？但是，又有多少人采取可行的措施来留住他们的青春活力呢？那些不懂得珍惜生活的人，只知道一味地去享受，却不知如何让自己的人生变得更加有意义，这样的人只能白白地消耗他们的生命。

我有一个朋友，总是把自己的年龄挂在嘴边。他有个不好的习惯，就是算计他生命的最后时光，在脑子里描绘晚年的图画。他会这样说："你要知道，一个年过六旬的人是不可能再像以前那样做事情了。"

有不少人认为，人到了一定的年龄后，体力和精力一定会下降，而进取心也就慢慢消失了。这种观点是错误的，也是非常有害的。而事实上，我们完全能够达到自己定的标准，也可以做你想做而不敢为的事情。

当一个人对生活失去兴趣的时候，当他生命的精气荡然无存的时候，当他的内心变得冷酷漠然的时候，他就真的衰老了。只要他热爱生活，做生活的强者，就不会在精神上衰老，因为人的创造力与年龄无关。如果他远离了年轻人，偏离了少年时代的梦想，落后于时代的潮流，只要他不思进取和不能严格要求自己，他就真的衰老了。

伟人的可贵之处在于，他们在生命的最后时刻仍然保持年轻人的精神状态。马歇尔·菲尔德的思维到了老年也丝毫没有衰老的迹象。在年老之时，他依然一丝不苟地对待工作，依然洋溢着青春的活力，依然对自己高标准、严要求，依然对美好的未来充满着憧憬。另外，众人皆知的是，格莱斯顿在80岁高龄时，其思维依然是最敏锐的。

许多人在退出商界时就写好了遗嘱。对他们来说，退离工作岗位就意味着从现实生活中退下来，甚至从生命的舞台上退下来，因为他们觉得自己心里空荡荡的。他们没有想过退休以后应该做些什么。

他们与生意场上的朋友失去了联系，原来的生活方式也彻底改变了。他们从未培养过自己的社交才能，或者是对音乐、美术、读书的热爱。以前，他们的整个生活只限于工作的那一片天地，而一旦走出来，他们就在外面的世界里茫然失措了。

如果一个人失去了奋斗目标，那他的人生也就失去了意义。一旦人生的目标消失了，生活便不能称其为生活了，而仅仅是在生存罢了。伟大的理想、崇高的目标都可以催人奋进，使人努力改善健康状况，延长自己的寿命。怀有美好期望的灵魂往往能使你的生命更灿烂。期望不但是一种激励，而且是永恒的动力，有了它，我们才可以在成功的道路上取得成功。

不浪费一分一秒

你有时会听到这样的话："我现在没有时间。"这句话通常情况下意味着"没有什么更重要的事情可做"。实际上，有没有所谓

"空"的时间呢？不！没有。你也许有"休闲"的时间，却没有空闲的时间。在休闲的时间里，你可能会躺在游泳池边尽情欢娱，但这并不是空闲的时间。你要知道时间对你来说是非常宝贵的。

凡是有所作为的人都把时间视为生命：变"闲暇"为"不闲"，也就是抓住生活中的分分秒秒，不图清闲，不贪逸趣。

爱因斯坦曾组织过享有盛名的"奥林比亚科学"，在每晚的例会上，参加会议的人往往手捧茶杯，边饮茶，边谈笑风生。据说，到今天，茶杯和茶壶已成为英国剑桥大学的一项"独特设备"，目的在于鼓励科学家在饮茶之时不要让时间流逝，充分利用时间进行学术交流。

那些成功的人往往利用空闲时间去开创自己的"第二事业"。

"费马大定理"的提出者费马，在概率论、解析几何等方面有不平凡的贡献。他的第一职业是大主教秘书和医生，然而创立太阳系学说却成为他"第二职业"的研究课题——尽管人们把这一高尚荣誉戴在了哥白尼的头上。像无数伟大工程一样，许多在其中"默默无闻"的人亦理应受到世人的尊敬。伟大的富兰克林先生的许多电学成就就是在他当印刷工人时从事"第二职业"时研究的成果。

成功之人往往都是很虚心地向别人请教。托尔斯泰在基辅的公路上不耻下问，向当地有丰富生活经验的农民虚心求教。达尔文在科学考察的漫漫长途中，拜工人、农民、渔人、教师为师。不甘悠闲，不求闲情，革命家和科学家把之视为生活的准则。

日常生活中，每个人度过空闲时间的方式是不一样的。有人利用空闲时间博览群书，汲取知识的甘泉；有人利用空闲时间游历名山大川，广览大地万物；有人利用空闲时间广交朋友，播下友谊的种子；

有人利用闲暇时间进行美术创作，探索美的踪迹；有人摸索篆刻艺术，构思长篇的文字，让思想张开想象的翅膀，翱翔天空。

当然，有些人则不会利用空闲时间，他们把自己的闲暇时间浪费掉了，让它白白地流逝。他们或堕入"三角"甚至"多角"的情网中，或沉溺于一圈又一圈的纸牌"游戏"中，或陶醉于"摩登""时髦"的家具摆设，或无聊地徘徊于昏暗的街灯之下。

正因为他们把大把的时间给浪费掉了，导致天天无所事事，从而造成犯罪。有人曾到监狱进行了一项调查，让130名青年犯人回答有关闲暇时间的若干问题，结果89%的人认为，他们作案犯科都是在他们的闲暇时间进行的；63.9%的人说，他们入狱前的业余生活是庸俗无聊、低级趣味的，总想寻求刺激、折腾闹事；85%的人说，他们犯罪的原因，基本上是因为在闲暇时间结交了思想落后、品质恶劣之徒。

享受成功的快乐

对于所有的富人来说，最有成就的事，就是从贫困中获得财富时那份喜悦，和第一次受到别人认同的时候。他知道，贫穷再也不会如影随形，只有到这时，他才开始想到将来可以过得无忧无虑，可以注重自我完善、自我修养，或者可以去学习和旅游。今后，舒适的生活将代替粗糙的日用品和难以忍受的苦役。

他认识到他有能力使自己的生活质量得到改善。从此以后，他声名大噪。他的家里摆满了各种各样的名画、瓷器、书籍和其他艺术品。他的孩子不会再像他以前那样，生活在一个贫穷的环境里。

　　于是，他第一次感觉到，自己有能力为别人提供一些力所能及的帮助；同时也感觉到，他那原本狭隘的生活圈子在不断扩大，视野在不断拓展。

　　实际上，成功的意义应该是发挥自己所长，通过自己的努力之后，所获得的一种无愧于心的快乐。我们来到这个世界上，是为了享受富裕的生活，而不是为了遭受贫穷，匮乏和贫困是不符合人类天性的。

　　有时我们对那些美好的东西缺乏足够的信心。我们不敢完完全全表达自己心灵的愿望，不敢为自己的生存权提出更高的要求。我们不得不节衣缩食，我们不敢使用与生俱来的权利去要求富有。我们要求得少，期望也少，我们抑制自己的欲望，不敢要求更多的欲望，我们从不打开自己的心灵，让美好事物的巨流进入。我们的思想也受到限制，自我表达也受到压抑，甚至我们在思考问题时都抑制自己。我们常常不敢过分地祈求财富，甚至不敢相信梦想会成为现实。

　　其实，我们不必担心造物主因给予我们太多的东西而变穷。造物主的本性就是给予，上帝不会因为我们要求得多而有所损失。因为，普照大地万物是太阳的本性，只要你能吸收，它就会无限地给予。蜡烛不会因为另一支蜡烛的点燃而有所损失。为友谊而善待，为爱而付出，这只会增加我们的能力。

　　在人生的海洋中，我们都是赤裸裸的泅渡者，只有不断地将神圣的巨能转化为我们自己的能量，并且有效地运用这种能量舒展身姿，直到抵达胜利的彼岸。一旦人学会这种神圣的转换法则，他就会成百万倍地增加自己的效能，因为那时，他将以一种从未梦想过的方式，成为神的合作者，共同的创造者。

　　自然界所有的一切都是来自伟大造物主的无限给予。当财富正在自由地向我们靠近的时候，当我们跟造物主完美结合的时候，当兽性被教化，虚伪、自私等被清除的时候，我们将真正懂得善良的真谛，即使你身无分文，你也是世间最富有的人。

　　倘若我们始终怀有一颗纯洁而又善良的心灵，我们就接近了上帝，这样，所有宇宙中的美好事物就会自动地流向我们。然而，我们的一些错误的思想和行动限制了这种流动。

　　每一种恶行都是一层不透明的面纱。它挡住我们的视线，使我们难以看见上帝与真善。每走错一步，都会使我们与上帝越来越遥远。

　　当我们不断地去追求成为一个尽善尽美的人，当我们学会自由思考、不再在局限的思维中爬行时，我们会发现，我们追求的事物也在追寻我们，并会在途中与我们相遇。